野生動物の人為繁殖への挑戦

野生動物から実験動物へ

松﨑哲也　神谷正男　鈴木　博
Matsuzaki Tetsuya　Kamiya Masao　Suzuki Hiroshi

発行　公益財団法人 実験動物中央研究所

中央公論事業出版

序

　実験動物は医学研究用として、また、医薬品、再生医療や医療器材の有効性や安全性の検定には必要不可欠であり、生命科学分野における実験動物の貢献は計り知れない。公益財団法人実験動物中央研究所（以下、実中研と略す）故野村達次所長は、実験動物は遺伝的、微生物的に統御された品質が均一であることと、動物実験には動物が集団で扱われるために量産が可能で供給体制の確立が必要不可欠であると述べている。
　1961年、日本で妊娠初期に睡眠剤を服用した女性から多くのサリドマイド奇形児が生まれ社会問題となった。動物実験されたマウス・ラットの胎仔にはサリドマイドの影響は見られなかったのに、ウサギの胎仔でヒトと同様の奇形が発症したのである。これを契機に、実中研では動物分類学上異なった幅広い動物種を揃え、それらの生理的特性を生物学的に比較しようとする「生理的モデル動物の開発」が進められた。他の研究機関においても実験動物の開発は様々な人々によって試みられてきた。しかし、研究目的に適したモデル動物を開発するには、長い年月と莫大な労力を要し、経済的にも負担が大きく、開発に着手するには周到な準備が必要である。更に実験動物化が進み、実験動物システムの開発では、その開発目標を明確にして、実験動物関係者のみならず幅広い専門家、更にはヒトの生理機能や疾患に詳しい医師やユーザーと共に総合的に開発を進めて、初めて多くの研究者に利用されるモデル動物が開発されてきている。
　昨今は遺伝子改変技術の進歩により超免疫不全動物を利用したヒト化マウスが登場し、実験動物に対する考え方が変わりつつあり、それらを使用することにより、よりヒトに対する安全性が見られ、薬効も評価できるようになってきた。そのような時代に向けて、従来から進めてきた手法をしっかり見直し、その本質を見極めることが大変重要だと考える。
　本書は故野村達次所長の考えを基に、野生動物からの実験動物化を著

者松﨑哲也らが試みた研究をまとめたものであり、後世に残すべき内容である。

　　　公益財団法人実験動物中央研究所
　　　　　　　　　　　　理事長　　野村　龍太

目 次

序 —————————————————————————— 1

第1章 野生動物から実験動物へ

1．ナキウサギ（Pika） ————————————————— 11
Ⅰ．ナキウサギの導入と開発の経緯 ———————————— 12
Ⅱ．生物学的概要 ———————————————————— 13
1．動物分類学的位置　13
2．形態学的特徴　14
3．生息分布　15
4．生息地環境　16
5．一般的習性　19
6．生理学的特性　20
7．実験動物としての有用性　21
Ⅲ．飼育繁殖の歴史 ——————————————————— 21
1．飼育繁殖の試み　21
Ⅳ．疾病 ———————————————————————— 23
1．感染症　23
2．非感染症　24
Ⅴ．飼育室環境と飼育器材 ———————————————— 24
1．飼育室環境　24
2．飼育器具器材　26
3．飼料　29
Ⅵ．繁殖と成績 ————————————————————— 32
1．交配　33
2．妊娠診断　34
3．妊娠期間　34
4．出産　35
5．産仔数　36
6．新生仔の発育と成長　36
7．繁殖成績　37
Ⅶ．おわりに ————————————————————— 40

2．スンクス（House musk shrew） ── 43

Ⅰ．スンクスの導入と開発の経緯 ── 44
Ⅱ．生物学的概要 ── 44

1．動物分類学的位置　44
2．形態的特徴　45
3．生息分布　45
4．一般的習性　46
5．生理学的特性　46
6．実験動物としての特性・有用性　47

Ⅲ．飼育繁殖の歴史 ── 47

1．飼育繁殖の試み　47

Ⅳ．飼育室環境と飼育器材 ── 48

1．飼育室環境　48
2．飼育器具器材　49
3．飼料　49

Ⅴ．繁殖と成績 ── 50

1．交配　50
2．妊娠診断　51
3．妊娠期間　51
4．出産　51
5．産仔数　52
6．離乳　52
7．新生仔の発育　53
8．繁殖成績　54

Ⅵ．おわりに ── 58

第2章　野生動物の寄生虫と室内繁殖

1．メキシコウサギ（Volcano rabbit） ── 63

Ⅰ．メキシコウサギの導入と開発の経緯 ── 64
Ⅱ．生物学的概要 ── 65

1．動物分類学的位置　65
2．形態学的特徴　66

3．生息分布　67
　　　4．生息地環境　68
　　　5．一般的習性　68
　Ⅲ．飼育繁殖の歴史 ─────────────────── 70
　　　1．飼育繁殖の試み　70
　Ⅳ．メキシコウサギの寄生虫 ─────────────── 72
　　　1．外部寄生虫　72
　　　2．内部寄生虫　72
　Ⅴ．室内における飼育と繁殖 ─────────────── 75
　　　1．室内の飼育条件　75
　Ⅵ．繁殖と成績 ───────────────────── 77
　　　1．交配　77
　　　2．交配適齢期　79
　　　3．交尾行動　79
　　　4．交配方法　80
　　　5．妊娠診断　81
　　　6．妊娠期間　82
　　　7．出産　83
　　　8．産仔数　83
　　　9．哺育　84
　　　10．月別出産回数　84
　　　11．繁殖成績　85
　Ⅶ．成長 ───────────────────────── 86
　　　1．新生仔の発育　86
　　　2．体重の変動　86
　Ⅷ．おわりに ─────────────────────── 88

2．アマミノクロウサギ（Amami rabbit） ─────────── 93
　Ⅰ．アマミノクロウサギの導入と開発の経緯 ───────── 94
　Ⅱ．生物学的概要 ───────────────────── 94
　　　1．動物分類学的位置　94
　　　2．形態的特徴　95
　　　3．生息分布　95

    4．生息地環境　95
    5．一般的習性　97
  Ⅲ．飼育繁殖の歴史 ——————————————————— 97
    1．飼育繁殖の試み　97
  Ⅳ．アマミノクロウサギの捕獲調査 ——————————————— 98
    1．捕獲手続きと捕獲場所　98
    2．捕獲動物の個体測定　98
  Ⅴ．アマミノクロウサギの寄生虫 ——————————————— 100
    1．外部寄生虫　100
    2．内部寄生虫　103
  Ⅵ．飼育室内の環境と器材 ——————————————————— 110
    1．飼育室の環境　110
    2．飼育・繁殖ケージ　110
    3．飼料　112
  Ⅶ．飼育室内における繁殖と成績 ——————————————— 112
    1．ケージ内の行動　112
    2．食糞と糞便量　113
    3．体重の推移　114
    4．交配の試み　116
    5．出産および新生仔の肉眼的所見　117
  Ⅷ．おわりに ————————————————————————— 119

3．オオネズミクイ（Crest tailed marsupial rat）——————— 125
  Ⅰ．オオネズミクイの導入と開発の経緯 ———————————— 126
  Ⅱ．生物学的概要 ——————————————————————— 126
    1．動物分類学的位置　126
    2．形態学的特徴　127
    3．生息分布　128
    4．実験動物としての有用性　128
  Ⅲ．飼育繁殖の歴史 ————————————————————— 130
    1．飼育繁殖の試み　130

- Ⅳ. 室内における飼育と繁殖 ———————— 131
  - 1. 動物の取り扱い　131
  - 2. 室内飼育条件　131
- Ⅴ. 繁殖と成績 ———————————————— 132
  - 1. 交配適齢期　132
  - 2. 交配方法　132
  - 3. 妊娠・出産　133
  - 4. 産仔数　133
  - 5. 哺育　133
  - 6. 出産時期　133
  - 7. 繁殖成績　134
- Ⅵ. 成長 ——————————————————— 135
  - 1. 新生仔の発育　135
- Ⅶ. おわりに ————————————————— 137

あとがき ——————————————————— 139

第1章　野生動物から実験動物へ

1. ナキウサギ (Pika)

アフガンナキウサギ
Ochotona rufescens rufescens

第1章は、ウサギ目ナキウサギ科のナキウサギと、食虫目トガリネズミ科のスンクスを取り上げた。野生動物を実験動物化するには、まず、動物を飼い馴らし家畜化（ドメスティケート）することによって人為的に繁殖を可能にすることにある。ナキウサギにおいては1969年Puget, A. がアフガニスタン山域で捕獲したナキウサギの1種であるアフガンナキウサギ *Ochotona rufescens* を持ち帰り、ケージ内での継代繁殖に成功した。またスンクスも1974年頃から名古屋大学農学部の近藤・織田らが、食虫目トガリネズミ科ジャコウネズミ属に位置するスンクス *Suncus murinus* の実験動物化を試み、実験室内での繁殖に成功した。

　公益財団法人（当時は財団法人）実験動物中央研究所（以下、実中研と略す）では室内繁殖が可能になったナキウサギおよびスンクスを入手し、実験動物として供給可能な計画生産システムの構築に着手した。そのためにナキウサギ、スンクスそれぞれに飼育環境、飼育器材、飼料等を改善工夫した。特に両動物の専用飼料を開発することができたことで、繁殖成績も良好となり、動物を量産できる計画生産体制を確立することができた。

　野生動物を実験動物化する第1段階は繁殖コロニーの遺伝的均一性が維持されていること、大量の動物数の生産供給が可能であること、動物が馴化され研究者にとって取り扱いが容易であることなどである。これに達したことで両種の実験動物化は成功したと考える。更に実験動物として用いられるためには、第2段階として、その動物の特性や有用性を幅広い分野で検索し明らかにすることである。

1. ナキウサギの導入と開発の経緯

　実中研では家畜からの実験動物化として種々の動物が取り上げられた。カイウサギの実験動物化は麻疹ワクチンの製造用として進められたもので、そのために寄生虫や病気のないクリーンウサギを作出して供給した。しかし、カイウサギの成体重は5kgにもなり、取り扱いが大変であることと大型であるために飼育スペースをとるなどの理由から小型ウサギの開発が望まれた。そこで、カイウサギに代わる小型のウサギを開発することに

表1 ウサギ目の分類

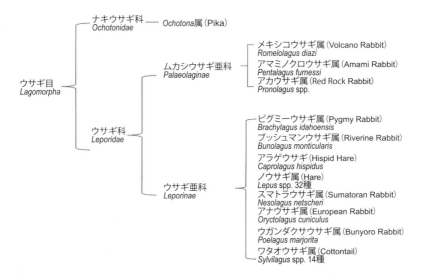

なり、ウサギ目動物の中から最も小型のナキウサギを実験動物化することが選択された。ナキウサギは、1956年に北海道大学農学部応用動物学教室、東京大学伝染病研究所（現在の東京大学医科学研究所）および、実験動物中央研究所（大磯）との共同研究で、大雪山系で捕獲したエゾナキウサギの実験動物化が試みられた経緯がある。この時は、真菌の感染により繁殖するまでに至らなかった。その後、1974年にフランス国立薬物・毒物基礎研究所のPuget, A.博士からアフガニスタン由来のアフガンナキウサギを導入し、更に実験動物化を進め、計画生産を可能にした[8]。また、国立研究機関および製薬企業との共同研究で催奇形性試験や特性・有用性の検索が行われ[10,11]、新しい実験動物として活用されるまでになった。以下にこれまでのナキウサギの開発過程を記すこととする。

II. 生物学的概要

1. 動物分類学的位置

ナキウサギは今から約3,000万年前の漸新世時代より生存してきた動

図1　成熟したアフガンナキウサギ
Ochotona rufescens rufescens

物である。ナキウサギの学名は *Ochotona*、一般的に英語名で Pika（パイカ）と呼ばれている（図1）。ナキウサギの動物分類学上の位置は表1の通りである。ウサギ目動物は、ナキウサギによって代表されるナキウサギ科 *Ochotonidae* とカイウサギで代表されるウサギ科 *Leporidae* から構成されている小グループである。ウサギ科はウサギ亜科 *Leporinae*（ノウサギ、アナウサギ〈カイウサギ〉などを含む）とムカシウサギ亜科 *Palaeolaginae*（メキシコウサギ、アマミノクロウサギ、アカウサギの3種）に分類されている。ウサギ亜科を構成している属種は、研究者によって異なり未だ正確な数は確定されていない[1,4,6]。ナキウサギ科はチベット、中国、モンゴル、ロシアなどの旧世界大陸に17種、北アメリカのロッキー山脈に沿った地域に3種が知られている（表2）が、その種数は定かでない。

この理由として多くの種は高所の山岳地帯に生息していて、その分布が広範囲であるなどから、調査をより困難にしているためと思われる[1,4,5,6]。

2．形態学的特徴

ナキウサギの多くの種は、成熟体重がおおよそ150〜250 g の範囲にあり300 g を越える種は見当たらない。頭骨の上部は平らで、耳は丸くて小

表2　ナキウサギ属（*Ochotona*）の分類

	和　名	学　名	生息地	生息環境
1	アルタイナキウサギ	O.alpina	アメリカ	北方に生息する種
2	クビワナキウサギ	O.collaris	カナダ	露岩帯
3	キタナキウサギ	O.hyperborea	ロシア・樺太	露岩帯
	*エゾナキウサギ	O.h.yesoensis	北海道	露岩帯
4	モンゴルナキウサギ	O.pallasi	モンゴル	中間型
5	アメリカナキウサギ	O.princeps	カナダ・アメリカ	露岩帯
6	カンシュクナキウサギ	O.cansus	青海・四川省	灌木帯
	*シッキムナキウサギ	O.c.sikimaria	ブータン	
7	クチグロナキウサギ	O.curzoniae	青海・四川省	草原
8	ダウリナキウサギ	O.daurica	青海・四川・モンゴル	草原
9	アフガンナキウサギ	O.rufescens	アフガニスタン	中間型
10	チベットナキウサギ	O.thibetana	チベット	草原・灌木帯
11	トーマスナキウサギ	O.thomasi	チベット・ネパール	
12	ロイルナキウサギ	O.roylei	チベット・インド	露岩帯
13	オオミミナキウサギ	O.macrotis	チベット	露岩帯
14	ラダックナキウサギ	O.ladacensis	チベット	露岩帯
15	アカミミナキウサギ	O.erythrotia	チベット	露岩帯
16	ヒマラヤナキウサギ	O.himarayan	チベット	露岩帯
17	灰頸ナキウサギ	O.forresti	チベット	露岩帯
18	格氏ナキウサギ	O.gloveri	チベット	露岩帯
	*格氏鼠兎亜種	O.g.brookei	青海省	露岩帯
	*格氏鼠兎亜種	O.g.calloseps	雲南省	露岩帯
19	コズロフナキウサギ	O.koslovi	雲南省	露岩帯
20	アカナキウサギ	O.rutila		露岩帯

*亜種名　ナキウサギ属（現代の哺乳類学、川道武男1991に一部追加）

さく長さは20mm前後である。目は黒色、上唇は3つに分かれたいわゆる兎唇で、体毛は茶褐色または灰褐色を呈している。雌の乳頭は前足脇腹に1～2対、下腹部に2～3対ある。前足は太くて短く、指は5本、後足は前足よりやや長く、指は4本である。尾椎骨はあるが、外から見える尾はない。ウサギ目動物の中で最も小型で温順な動物である。

3．生息分布

　ナキウサギの主な生息地はユーラシア大陸に集中しているが、北部山林地帯から中央および南部山岳地帯、チベット高原、アフガニスタン、更

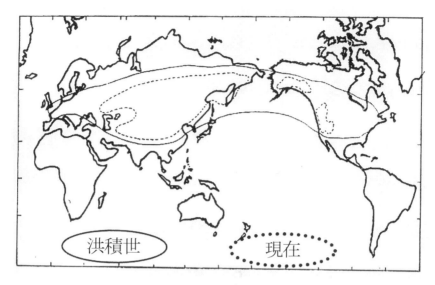

図2　ナキウサギ属の生息分布

にヒマラヤ山地のネパール、パキスタン、インドを含む大部分の旧世界に広くその分布が見られる(図2)。また、北米大陸の西部やアラスカの中央および南部にも生息している。わが国では北海道の大雪山山麓の置戸、ルベシベ、然別湖周辺にエゾナキウサギ *Ochotona hyperborea yesoensis* が生息している[3,5,7]。キタナキウサギの亜種であるエゾナキウサギは、北海道の固有の種として保護されている。

4．生息地環境

　ナキウサギの生息地は、外気温や地表温の高低が大きく厳しい生息環境である。こうした環境下での生活ではあるが、巣穴の中は外気温の高低にかかわらず、年間を通してほぼ一定の温度(12～14℃)が保たれている。また、冬期は食物として貯蔵した草や木の実などや排泄した糞尿で堆肥を造り、保温効果と湿度を維持している。ナキウサギは冬眠しない。ヒマラヤ高地でのナキウサギは、雪どけ水や沢水、あるいは清水が常に湧き出ている水辺に生息し、日本でもシダやコケの繁茂している沢筋に生息

図3　大雪山周辺の岩場に生息するエゾナキウサギの仔
Ochotona hyperborea yesoensis

している。また、ナキウサギはチベットやネパール・中国ではヒマラヤ高地5,500mの森林限界周辺にも生息し、アフガンナキウサギ *Ochotona rufescens rufescens* はアフガニスタンの標高1,700～3,400mの山域に生息している[14,15,16]。日本でも標高300mの置戸周辺から2,000mの大雪山周辺にエゾナキウサギ *Ochotona hyperborea yesoensis* が生息している[5]。したがって、高度そのものは生息地の必須条件ではないようである。植生については生息地ごとに異なっており、ナキウサギ属に共通した特定の植生は認められていない。一方、ナキウサギはイタチや狐・猛禽類などの肉食動物に捕食されている。

　ナキウサギの生活様式は、その生息環境によって異なり、3つに大別される。1つは、ヒマラヤの高所に生息するヒマラヤナキウサギ *O.himarayan* やシベリアの低地に生息するキタナキウサギ *O.hyperborea* など岩石地帯の隙間を利用して生活している「岩住まい」（図3）のナキウサギである。

　2つは、著者らが捕獲調査した地域で、中国青海省にある中国科学院西北高原生物研究所から歩いて2時間位の小高い丘の北斜面にある小灌木帯である。そこにカンシュクナキウサギ *O.cansus* が生息している[17]。このナキウサギは草原に隣接する灌木の茂っている限られた地域に巣穴を掘って生活している「灌木帯住まい」（図4）のナキウサギである。捕獲作業は

図4　灌木帯に生息するカンシュクナキウサギ
Ochotona cansus

灌木の根元のところで巣穴が迷路になっていて多くは取り逃がしたが、灌木帯の内側だけでなく外側の草原10 mの範囲にも巣穴が続いており、カンシュクナキウサギはその中で活動していた。

　この種については中国でも十分な調査研究がなされていないため、この調査資料は貴重なものである。また、チベット西部地区の年間平均降水量が170 mm以下の乾燥地に生息しているチベットナキウサギ *O.thibetana* も、灌木の茂っている狭い地域を生息場所にしている「灌木帯住まい」のナキウサギである。

　3つは、中国青海省の高度3,000～3,500 mの高地に広がる広大な草地であり、ナキウサギの楽園と思われる生息地である。その草原に生息するクチグロナキウサギ *O.curzoniae* は、土中に網目状のトンネルを掘って穴居生活している「草原住まい」(図5)のナキウサギである。草原は食糧が豊富で、繁殖力も旺盛な数えきれない程のナキウサギが生息していた[1]。しかし、著者らが1992年に中国青海省で「高地適応動物としてのナキウサギ」の調査を行った時、ナキウサギの生息環境が農耕地として大きく変容していた[13]。これは、この草原が牧草地として使われ、ナキウサギが地

図5　草原に生息するクチグロナキウサギ
Ochotona curzoniae

中に穴を掘るため、質の良い牧草が減少すると考えられ、有害な動物として薬物による駆除が行われたためである[18]。

5．一般的習性

　ナキウサギは早朝および夕刻に活発に活動する昼行性の動物である。グループの大きさは10～30匹位で、行動圏は半径20～30mで隣接するグループと重複し、グループ間にはっきりした境界はない[6]。ナキウサギは、その名前のごとく非常に甲高い金属性の特徴ある声を発する。その声は警戒や仲間へのコールサイン（call sign）であり、繁殖期における雄の雌を呼ぶ鳴き声は小鳥のさえずりのように甲高い声が長く続く。ナキウサギは草食性で、エゾナキウサギの例ではアザミ類やエゾスグリ、シラネワラビ、オシダなどを食べている。また、カイウサギと同じく食糞（コプロファージ）がみられ、暗緑色の軟便を食べるが、丸くて小さい硬い糞は食べない。繁殖季節は5～8月頃で、年1～2回の繁殖が行われる。7月後半から秋にかけて越冬準備のための大量の草を巣穴に貯蔵し、新雪の降る時期から翌年5月頃までの冬期間は雪下（穴居）生活を行う。越冬中は冬眠しない。北海道に生息するユキウサギ *Lepus timidus* は、夏は茶色、冬は白色に毛変わりするが、ナキウサギは毛変わりしない。

6．生理学的特性

ナキウサギは繁殖生理学的にいくつかの特性を有している。第1の特性としては、ナキウサギは交尾刺激で排卵する動物で、成熟した雌の卵胞は常時発育しているので、雌はいつでも連続発情状態にあり、雄と同居させることで受精が成立する。このような動物には、ウサギ、スンクス、ネコ、ミンクなどがある。この交尾刺激による排卵は連続発情のウサギ型と季節発情のネコ型に大別されるが、ナキウサギはウサギ型である。

第2の特性としては、過剰排卵を示すことである。一般的に哺乳動物は、性周期ごとに発育に入る卵胞の大多数が発育途上で退行し、動物種によってほぼ定まった排卵数に相当する卵胞のみが選抜され、成熟を遂げて排卵する。そして、受精すれば排卵数に近い数の胎仔が発育する。ナキウサギの排卵数は鈴木ら[19]の観察によれば、33.3±10.0個、田谷[20]では排卵数に6～49個の幅があるが、平均20.3個としている。これら両者の差は、日齢や体重の個体間によるものと推察している。ほかにも、過剰排卵を示す動物では、食虫類のイワハネジネズミ *Elephantulus* は普通双胎であるのに排卵数は120個と多く、チンチラ科のビスカチア *Lagostomus maximus* は800個の排卵に対し胎仔は7匹であることが知られている。

第3の特性としては、過剰黄体を形成することである。妊娠末期の卵巣では表面に多数の卵胞が存在するため、黄体は目立たない。しかし、後期の黄体は大きく（径600～700um）、表面に突出するため外側に生じるものは肉眼的にも識別できる。また、これらの黄体は2つあるいはそれ以上がひと塊をなしている場合があるので、正確な数は卵巣組織の連続切片から算定する必要がある。鈴木ら[19]は、信頼度の高い3例の卵巣の連続切片から平均45個を算定した。この数は排卵数に比べて1～3割程度多いのに対し、産仔は4匹、推定着床数は6個にすぎず、明らかに過剰排卵、過剰黄体を形成するとしている。これら一見無駄とも思える過剰排卵現象がなぜ行われるのか、更に、排卵卵子の大部分が受精卵であるにもかかわらず、受精卵から着床にいたる数の選択はどのようにして行われているのか、過剰黄体形成と妊娠維持機構の関係は興味ある課題である。

7．実験動物としての有用性

ナキウサギの実験動物としての有用性について、国立研究機関および製薬企業との共同研究で検討が行われた。特に、カイウサギで見られるサリドマイド（睡眠薬）による催奇形性について検討されたが、ナキウサギはカイウサギと同様の催奇形性は見られず、カイウサギの代替にはならなかった。

1981 年、ナキウサギには腎臓病変や貧血症が高頻度で発生することが明らかとなり、厚生省の「免疫異常症治療剤の開発」研究班において、ナキウサギは実験動物として使用されることになる[12]。

III．飼育繁殖の歴史

1．飼育繁殖の試み

1) 1927 年、Michigan 大学の Dice, L. R.[2] は捕獲した Colorado pika の飼育を試み、アルファルファやカラスムギを与えることによって繁殖に成功した最初の例と思われる。

2) 日本では 1929 年、神戸商科大学の小林賢三が、大雪山で捕獲したエゾナキウサギを岩で積み重ねた飼育箱（3 尺立方）に収容し、キャベツや馬鈴薯を与えた飼育を試みている[7]。

3) 1956 年には北海道大学農学部、東京大学伝染病研究所および実験動物中央研究所（大磯）との共同研究で、大雪山系で捕獲したエゾナキウサギ $O. h. yesoensis$ の実験動物化が試みられた[3]。

4) 1962 年、カナダの Underhill, J. E. はケージの中でカナダパイカ $Ochotona princeps$ の繁殖に成功し、実験動物としての可能性を示した[21]。

5) 1969 年、Puget, A.（フランスの国立薬物・毒物基礎研究所：Laboratoire de pharmacologie et Toxicologie Fondamentales, C. N.R.S）は、中央および東アフガニスタン亜熱帯山域の海抜 1,700 ～ 3,400 m で捕獲したアフガンナキウサギ雌 12 匹雄 9 匹を持ち帰り、ケージ内での継代繁殖に成功し、実験動物化を行った[14,15,16]。

図6　飼育中のアルビノナキウサギ
（中国科学院西北高原生物研究所では、クチグロナキウサギ Ochotona curzoniae の突然変異種と考えられている）

6）1974年、財団法人実験動物中央研究所では、Puget, A. からケージ内で5〜7代継代されたアフガンナキウサギ雌3匹雄3匹を導入し、筆者らはこれらを基にした繁殖と実験動物化を進め、計画生産を可能にした[8]。その後、国立研究機関および製薬企業との共同研究で特性や有用性の検索が行われた[10]。

7）1992年、筆者らが青海省西寧にある中国科学院西北高原生物研究所を訪問した時、そこでは目が赤く全身が白毛で覆われたアルビノナキウサギの実験動物化が進められていた（図6）。このアルビノナキウサギは野生で生息していた1ペアを捕獲し、それを基に20匹のコロニーにまで増殖されていた。この種の学名については不明であるが、捕獲された生息環境から類推するとクチグロナキウサギの突然変異種と考えられている。遺伝的変異が少ないとされるナキウサギ種においては貴重なミュータントである[13]。

8）1995年、著者らはモンゴル・ウランバートル近郊50kmの草原でダウリナキウサギ O. daurica を捕獲した。雌12匹雄13匹を日本に持ち帰り、実中研において直ちに室内繁殖を試みた結果、ダウリナキウサギの室内繁殖に成功した[9]。

IV. 疾病

ナキウサギの疾病は、実中研へ導入し室内で飼育繁殖されたナキウサギで見られた疾病である。

1. 感染症

微生物感染によると思われる疾患は少ない。カイウサギでしばしば観察される *Pasteurella multocida*、*Bordetella bronchiseptica* やラットに多くみられる *Pasteurella pneumotropica*、*Corynebacterium kutscheri*、*Diplococcus pneumoniae*、*Mycoplasma* sp. などの呼吸器病の病原体、コクシジウムや *Salmonella* sp. などの消化器病の病原体は検出されていない。

1) 緑膿菌症：緑膿菌症は呼吸器あるいは中耳がおかされる病気で、呼吸器では鼻腔内に黄白色の膿汁が特徴的に認められる。まれに、肺に膿瘍を形成する。耳では黄白色の膿が耳腔内に貯留し、膿の貯留している耳の方に首を傾け旋回運動をする。ナキウサギから分離された緑膿菌は本間の方法（血清成分分析の際、必要な凝集素を含む血清を用いた判定法）による血清型別でEおよびⅠ型に限られている。

2) センダイウイルス感染：1976年1〜5月に、センダイウイルスに感染しているマウス飼育室に隣接する室で飼育されていたナキウサギにおいて、呼吸器病症状がみられ、その血清中にセンダイウイルスに対するHI抗体が検出された。しかし、その後の繁殖集団からは陽性例は認められていない。

3) 出血性盲腸炎：現在までに3例認められている。盲腸粘膜の充出血を主徴とし、小腸にもカタール他の変化がみられる。感染症と思われるが原因は不明である。

4) 寄生虫：盲腸内容に未同定の鞭毛虫の寄生がみられているが、寄生個体での消化管の病変は認められていない。消化管内蠕虫および外部寄生虫類は検出されていない。

5）その他：生後8～12日頃の保育仔に下痢や衰弱などの顕著な症状がないにもかかわらず、しばしば死亡する例が見られる。感染症と思われるが原因は不明である。

2．非感染症
非感染症のうち比較的発生頻度の高い疾病は以下の通りである。
1）腎症：腎臓色調が淡くなり、表面に凹凸が認められる。6ヵ月齢以上すぎると発病頻度は高くなり、老齢になるに従い病変も重くなる。若齢のものでは肉眼的に異常がなくとも組織学的に見られることがある。
2）胃潰瘍：胃の大弯部を中心に、1～3mm の黒点として認められる。組織学的には筋層にまで達する出血を伴う病変である。本病は週齢に関係なく発症する。
3）心のう水腫：透明な心のう水が大量に貯留する。組織学的には心筋線維の変性や結合組織の増生が見られる。
4）肝臓のヘモジデリン沈着：ほとんどの検索例で肝細胞やクッパー細胞にヘモジデリンの沈着を見る。肉眼的にはほとんど異常を認めない。
5）出産障害：難産にともなう膣脱や胎仔の滞留が見られることがある。難産は初産または老齢の個体に多く、胎仔数も少ない。膣脱を認める動物では子宮蓄膿が見られ、胎仔滞留の動物では胎仔のミイラ化、子宮内蓄膿、子宮の癒着などが起こり最終的に死亡する。これらの原因については不明である。

ナキウサギの疾病については、実中研動物医学研究室伊藤豊志雄室長らによって調べられたものである。

V．飼育室環境と飼育器材

1．飼育室環境
ナキウサギを実験動物化する過程で最も注意すべきことは、動物の健

康を長期に維持することである。そこで、実験動物として確立されたマウス・ラットの飼育環境に準じて、飼育室内の温湿度の調節を年間を通して一定にし、塵埃や臭気などを除去した新鮮な空気を送風し、照明時間も一定にした。飼育器具器材などはナキウサギにとって、居住性がよく衛生的で管理しやすい材質を用いた。日常の給餌・給水・ケージ交換などの飼育管理作業も一定の時間帯および同一方法で実施した。以下に、アフガンナキウサギの飼育管理とその背景について述べる。

1) 温度と湿度

野生のナキウサギは昼夜あるいは季節による寒暖の差の激しい地域に生息し、一般に低温 (屋外の温度で 12〜14℃) を好むといわれている。また、ナキウサギは水辺を好み、ヒマラヤの高地では雪どけ水や沢水、あるいは常に清水が湧き出ているようなところに多く生息している。また、雌親がしばしば巣材を湿らせて堆肥様の塚を作る行為は、新生仔を乾燥から守り、巣内の温湿度を維持するための習性であろうと推察[14]していた。このことから、筆者らは繁殖に成功した Puget, A. の飼育条件を参考にしながら、室内温度を 22 ± 2℃に、湿度を 55 ± 5% に設定した (図7)。

2) 臭気と換気

飼育室の換気は、高性能フィルターで塵埃を除去した新鮮な空気を1時間当たり 10〜15 回とした。飼育匹数の多少、あるいはケージのタイプによって発生する臭気の強弱は異なる。飼育匹数が多い場合は空調機の風量または換気回数を増やす。また、弁当箱タイプのラットケージの中は、空気の移動が少なく、ナキウサギは排泄する尿量が多いため、臭気が強く、ケージ交換を頻回に行う必要がある。一方、ハンガータイプのモルモットケージでは、排泄された糞尿が常時換気に曝されて乾燥するため、排気と共に臭気が削減される。実際には、ハンガータイプのアルミ製金網床ケージを用いた。

図7　温度・湿度がコントロールされたナキウサギ飼育室

3）照明と騒音

ナキウサギは野生では昼間の長い季節（6〜9月）に繁殖することから、当初は屋外の時間にあわせて5〜21時までの16時間照明を行った。その後、ナキウサギの繁殖に及ぼす影響と室内環境への動物の馴化を見計らって照明時間を順次短縮し、8〜20時までの12時間照明とした。光度は150〜300luxの範囲とした。なお、自然界では夜間暗黒になることはないので飼育室内には2燭光の豆電球を設置し夜間に点灯した。また、騒音に関しては、ナキウサギは物音に敏感に反応することから、ドアの開閉の音や作業中の器物の落下音には注意が必要である。

2．飼育器具器材

器具器材のうち、動物が常に接触する飼育ケージ、給餌器、給水瓶、巣箱、巣材などは動物にとって居住性の良い材質、構造であると同時に扱い易く、管理上衛生的でオートクレーブによる耐熱性や消毒などの薬剤に対する耐性も考慮して作製する必要がある。

図8 ナキウサギ用飼育ケージ
　　ケージの大きさ：間口 26cm、奥行 40cm、高さ 22cm

1）飼育ケージ

　ナキウサギの飼育用ケージ（図8）は、大きさを間口26cm、奥行40cm、高さ22cmとし、天井および側面をアルミ板で囲い、前扉はステンレス製スポーク扉、床は9mm角の金網床で作製した。構造的には、ブラケット式金網床ケージで、ケージの扉には、給餌器受けを固定した。通常のケージでは飼料の投入には扉を全開していたが、給餌器受けのみを手前に引き出せるようにしたことで外からの飼料投入を容易にした。このケージは以下の点を改善するために考案された。①馴化されていないナキウサギでは、扉を開けるたびに飛び出る個体が多い。②箱型のラット用平底ケージでは、床が滑り易いため動物が落ち着かず、蓋を開けると動物が飛び出ることが多い。③床敷（木屑）をケージの外に飛散して床を汚したり、給餌器内に床敷を持ち込み給餌を困難にしたり、給餌器内に糞尿を排泄し飼料を汚す個体が観察された。④全面金網製のラット・モルモット用ブラケットケージでは、ケージの網目より尿を飛散し飼育室の壁や床、飼育棚の汚れが著しかった。これらの経験を踏まえ、ケージから動物の飛び出しや給餌器、飼育室の汚れを防止し、管理の容易な飼育ケージとした。

図 9　ナキウサギ用繁殖ケージ
　　　ケージの大きさ：間口 30cm、奥行 50cm、高さ 25cm

2）繁殖ケージ

　繁殖用ケージ（図 9）は、間口 30cm、奥行 50cm、高さ 25cm の大きさのものを用いた。材質および構造は一般飼育用ケージと同じであるが、出産・哺育に際し、繁殖用ケージ内に木製の巣箱を設置することで産仔を哺育し、離乳後も離乳仔を数週間同居できる。

3）給餌器と給水瓶

　給餌器はマウス・ラット用粉末飼料給餌器に類似した直径 10cm、高さ 12cm のステンレス製円筒型のものを用いた（図 10）。この給餌器は本体と蓋とからなり、本体に蓋を被せた重なる部分に 3 点の凹凸をつくり、蓋を左右どちらか一方に回すことで閉めたり取り外しできる。蓋には採食口として直径 4.6cm の穴を開けてある。餌の補充には扉を開けないで給餌器のみが外側に引き出せることで、特に離乳近い仔がいるケージでは、ケージから飛び出る動物の防止となり、餌の補充を容易にできる。

　給水瓶はマウス・ラット用の 200ml 容プラスチック給水瓶を用いた。給水瓶は落下を防ぐためホルダーを用いて固定した。吸口はステンレス製の管をゴム栓に取り付けた。

図10　ステンレス製円筒型給餌器

4）巣箱と床敷

　出産哺育に際しては、繁殖用のケージ内に木製の巣箱を設置した（図11）。巣箱の大きさおよび形状は、間口28cm、底面奥行17cm、天井面奥行12cm、高さ15cmの台形とし、扉板は約70度の傾斜をつけて取り付け、出産哺育時には中央からやや左よりに動物の出入り口として直径7.5cmの穴が開けてある。交配用にはこの巣箱の中央に同径の穴を2つ開け、雌雄のトラブルが生じた時どちらか一方の逃避を可能にした。巣箱には木材を用い、保温性ならびに湿度の維持を考慮した。大きさについては、妊娠および哺育中の雌親は巣箱の隅に糞尿を排泄し堆積する習性があり、巣箱が小さいと巣箱全体が糞尿で汚れる恐れがあるので、哺育仔のいるところと親の排泄場所とが十分に分けられる底面積が必要である。上記の大きさで比較的清潔さが維持された出産哺育が可能となった。巣箱の中に巣材として木屑（カンナクズ）を使用する。なお乾燥牧草や木毛を使用する場合は巣材が動物の足に絡みつき怪我をすることがあるので、そのまま使用せず長さ3～5cmに切断して用いる。

3．飼料

　Puget, A. からナキウサギを導入した当初は、モルモット用固形飼料CG

図11 ナキウサギの木製巣箱扉板には動物の出入り口として、哺育用には直径7.5cmの穴を1つ、交配用には同径の穴を2つ開けて用いる。

-3を主に与え、補食にキャベツなどの野菜を与えて飼育した。しかし、この飼料のみでは、ナキウサギの健康を満足に維持するには十分でなく、繁殖も思わしくなかった。そこでPuget,A.が繁殖に成功した時に用いたU.A.R-112飼料の成分分析表を参考に、日本配合飼料株式会社に依頼し固形飼料を試作してもらった。しかし、この飼料を実際にナキウサギに与えたところ、全く摂餌しない個体や給餌器から飼料を掻き出すもの、給餌器の中に糞尿を排泄するものなどが見られ、いずれの給餌器からも、摂餌量を測定し比較できなかった。このことから、飼料の作成には、成分のみの処方に合わせた飼料ではなく、動物の嗜好性に適った飼料原料を吟味し、それらの原料を配合することが大切であると痛感させられた。そこで私達は独自に固形飼料を開発することにした。

1) 嗜好性の検討

ナキウサギ用の固形飼料を開発するため、飼料原料である雑穀類13種の嗜好性について調査した(表3)。調査方法として、給餌器にU.A.R-112を一部改善した試作の固形飼料を常時摂餌可能な状態で、1種類の試験飼

表3　各種穀類に対するナキウサギの嗜好性（g / Day / Pika）

供試飼料	例数	オス 摂餌量（g）	例数	メス 摂餌量（g）
圧ぺん麦	16	*10.6 ± 3.5	16	7.2 ± 3.7
ひえ	15	8.9 ± 3.8	10	9.3 ± 5.4
大豆粕	15	8.7 ± 3.8	11	7.9 ± 3.8
きび	16	6.9 ± 3.4	16	5.8 ± 2.4
カナリヤシード	16	6.0 ± 4.0	16	7.6 ± 4.0
あわ	16	4.6 ± 3.5	12	5.8 ± 3.4
専管フスマ	16	5.3 ± 3.5	12	6.8 ± 5.8
そば粉	16	4.5 ± 2.8	12	7.8 ± 5.0
ドライイースト	16	2.4 ± 2.3	11	2.6 ± 3.0
麻の実	16	2.4 ± 1.6	16	1.6 ± 1.1
えごま	16	1.1 ± 1.0	16	1.8 ± 1.6
トウモロコシ	16	1.3 ± 1.0	16	0.5 ± 0.7
アルファルファ	16	0.6 ± 0.6	12	1.8 ± 1.6

＊平均値±標準偏差

料である穀類を別の容器に入れ、24時間後に摂取量を測定した。表3にその結果を示した。雌雄とも圧ぺん麦やひえ、きび、カナリヤシードを好んで食べた。代表的な飼料原料である大豆粕や穀類も同様に好んで摂食されたが、トウモロコシやアルファルファはほとんど摂餌が見られなかった。圧ぺん麦の摂餌量が多かったのは試作の固型飼料中に多く含まれており、それに対する慣れも原因の１つに考えられた。また、カイウサギはオカラ（大豆粕）を好んで食べることから、ナキウサギにオカラを与えたところカイウサギと同様良く摂餌した。そこで、このオカラに全卵タンパクなどの精製飼料を混合し、団子状に丸めて与えたところ、成長段階にあるナキウサギにおいては体重増加が見られ栄養補充に効果的であった。

2）固形飼料の作製

飼料原料の圧ぺん麦、小麦、トウモロコシなどの穀類や牧草のアルファルファ、ビタミンミックスチャー、ミネラルミックスチャーなどを加え、さらにナキウサギが摂取しやすい硬さと形状を考慮し、大きさが直径3mm、長さ5mm以下の「CIEA-117」固形飼料を作製した（表4）。この

表4 ナキウサギ用固形飼料（CIEA-117）の成分分析値

一般成分分析値

水分	7.9	%	粗繊維	11.0	%
蛋白質	16.6	%	灰分	7.3	%
粗脂肪	4.0	%	可溶性無窒素物	53.2	%

ビタミン類分析値

パントテン酸	5.18	mg %	ビタミン B6	1.02	mg %
葉酸	0.26	mg %	ビタミン B12	3.1	μg %
コリン	330.0	mg %	ビタミン C	15.0	mg %
ビオチン	42.3	μg %	ビタミン E	21.0	mg %
イノシトール	135.0	mg %	レチノール	0.19	mg %
ビタミン B1	1.02	mg %	ナイアシン	11.6	mg %
ビタミン B2	1.37	mg %			

ミネラル類分析値

カルシュウム	664.0	mg %	マンガン	55.0	mg %
リン	430.0	mg %	鉄	22.0	mg %
マグネシュウム	212.0	mg %	銅	0.8	%
カリウム	1,029.0	mg %	亜鉛	3.5	%
ナトリウム	260.0	mg %			

「CIEA-117」処方で作製された飼料のみの給与で、給餌器内から飼料を掻き出す個体も見られなくなり、繁殖が可能となった。

VI. 繁殖と成績

ナキウサギの取り扱いは、ナキウサギに恐怖感を与えたり興奮させたりしないように静かに扱うことが大切である。動物をケージに移し換える時には、頭部を手前にして背部（胴部から腹部にかけて）を軽く握り逆さにつるすようにして捕まえる。強く握りすぎると排尿し、噛むことがある。皮膚や被毛をつまみ上げることはしない。

1. 交配

ナキウサギは雌雄とも生後2ヵ月で繁殖可能となるが、若齢で用いると哺育成績も悪く産仔数が少なく繁殖に用いる期間が短くなる傾向がある。

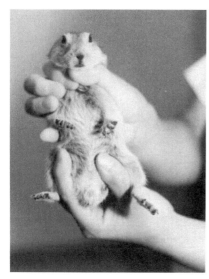

図12　ナキウサギ生殖器の雌（左側）と雄（右側）

　ナキウサギの繁殖適齢期を雌雄とも3ヵ月齢以上として交配から使用すれば経産回数も多く、生涯で4〜6回の出産も可能である。
　雌雄の判別は、胴や腹部を軽く握り後肢を開くようにして下腹部を圧迫する（図12）。雄の場合は精巣が陰のうの中に突出し、ペニスが観察される。雌では膣が開口する。ナキウサギは朝夕の時間帯に関係なくいつでも交尾することができる。
　交配にあっては雄のケージに雌を入れて同居させる。雄が雌に乗駕すると雄を受け入れる状態にある雌は身体を伸ばして静止した後、後身を持ち上げ雄を許容する。交尾は数分間隔で何回も行われる。このペアを更に一夜同居させてその翌朝雌を別のケージに分離する。雌雄を同居させる際に次のような状態が見られる時は外傷、死亡などの事故が発生するので、直ちに雌雄を分離する。

　　雌・雄双方が攻撃的である時
　　雌・雄双方が逃げまわる時
　　雌・雄のどちらか一方が攻撃的または逃げまわる時

このような行動は雌、雄ともに未経験のものを同居させた場合に多く見られるので、どちらか一方を交尾や出産経験のあるものと同居させると比較的スムーズに交尾が成立する。

2．妊娠診断

交配時の体重 16.3±8.2g（平均値±標準偏差）を基準とした時の妊娠期の体重変動は、交尾成立後 10 日目で 39.8±16.5g、16 日目で 75.4±23.6g、24 日目では 142.3±24.2g となる（図 13）。それに対し不妊時は 10 日目で 15.5±8.5g、16 日目で 21.8±11.8g、24 日目では 22.5±13.0g とほとんど増加しない。図 13 からも明らかなように不妊例でも多少の体重増加が認められるものがあり、そのため交配成立後 10 日目位までは妊娠と見誤るものもあった。妊娠が成立した場合は、14 日目頃には 30～50ｇの体重増加が見られ、腹部が顕著に膨大し丸みを帯びて、触診で胎仔が確認できる。

3．妊娠期間

妊娠期間を正確に知るため、交配時間を午後 5 時とし交尾確認したペ

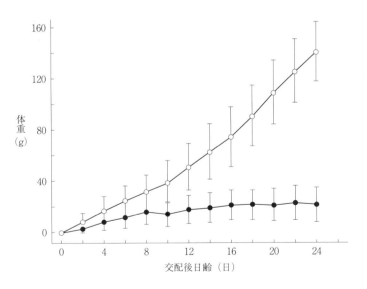

図 13　交配後の雌の体重増加量

アをそのまま一夜同居させてから翌朝9時に雌を分離し、出産日を記録した。雌と雄を同居させ、交尾を確認した日を0日とした場合の妊娠期間の分布を図14に示す。観察延べ匹数215匹での妊娠期間は23〜28日に分布していたが、約80％は26日または27日であり、平均妊娠期間は26.5±0.8日と算定できた。

4．出産

出産準備として、出産予定日の1週間前に妊娠雌を繁殖ケージ（金網床の下にアルミ板を敷き風を防ぐ構造）に移し換え、木屑（カンナクズ）の入った巣箱を入れて出産に備える。出産は通常夜間に巣箱の中で行われる。営巣時はカイウサギのように被毛は抜かない。新生仔は背と頭が黒く、他の部分は晴紅色を呈し、被毛は無く、目は閉じ門歯が萌芽している。生後4日頃より全身に茶褐色の毛が生えはじめ、8日頃には目が開き、12日頃になると巣箱より出て飼料を摂取しはじめる。15日以降になると活発に動きまわるようになり、21日で離乳できる。出生時の体重は8〜12gと幅があり、平均10.1±1.2gである。離乳時（3週齢）までに急速な

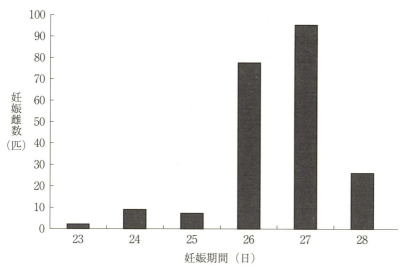

図14　ナキウサギの妊娠期間

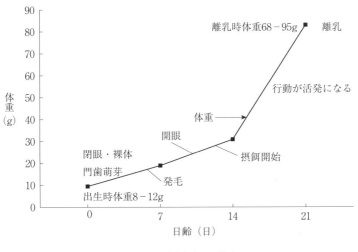

図15 新生仔の発育

体重増加がみられ、雌は 81.1 ± 13.6 g、雄は 82.2 ± 13.2 g となる（図15）。

5．産仔数

産仔は出産当日または翌日に仔数を確認し、死亡している仔があれば取り除く。ナキウサギでは、出産後のカニバリズム（喰殺）は見られない。1腹当たりの産仔数は1〜8匹の幅があり、多くは3〜6匹で平均 4.8 ± 2.3 匹である（図16）。乳頭は5対であるが哺育仔数は5〜6匹が適当と思われる。

6．新生仔の発育と成長

離乳は生後3週齢で行い、発育の遅いもの（70g以下）は離乳を数日遅らせる。離乳時には雌雄の判別を行う。雌雄は別々に生後5〜6週までケージ当たり3〜5匹を収容し育成する。群飼を長く続けるとジャレあって耳介を傷つけたり死亡する個体も出るので、できるだけ早い時期に個別に飼育する。

出生時の体重は、Puget, A.[14] の成績では 11.4 ± 1.9g であるのに対し、著者らの成績では、平均 10.1 ± 1.2 g と低かった。しかし、その後の成長を

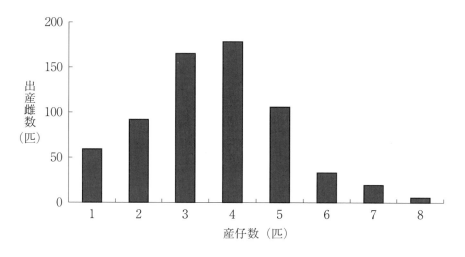

図 16　ナキウサギの産仔数

見ると Puget, A. は、3 週齢で 74.9±15.5 g、7 週齢で 131.9±21.5 g、15 週齢で 166.8±14.3 g、19 週齢で 169.6±21.3 g で、成熟時の体重は約 170 g としている。著者らの成績では、いずれも Puget, A. の報告よりも大きく、成熟時の体重は約 200 g であった。個体間のバラツキをみると Puget, A. の報告の数値より標準偏差がかなり大きくなっているので、直接比較することはできない。そこで変異係数（標準偏差×100/平均値）を算出してみると、Puget, A. の報告では 8.5〜12.5％に対し、今回の成績では雌は 16.7％、雄で 21.2％となり、個体間の体重のバラツキが大きかった（図 17）。

7．繁殖成績
1）月々の繁殖成績

1982 年 1 月より 12 月までの月別の成績を表 5 に示す。交配は雌と雄を同居させ交尾行動を確認した後そのまま一夜同居させ、翌朝雌を分離した。この時の妊娠率は各月とも 70〜80％であり、年間平均妊娠率は 72.5％であった。産仔数についてみると、1974 年に種動物導入当初の雌 10 匹の 1 腹当たりの平均産仔数は 6 匹であったが、1978 年の出産雌数 513 匹の平均産仔数は 4 匹と減少した。しかし、1979 年の 1,134 匹の例では 4.8 匹に向

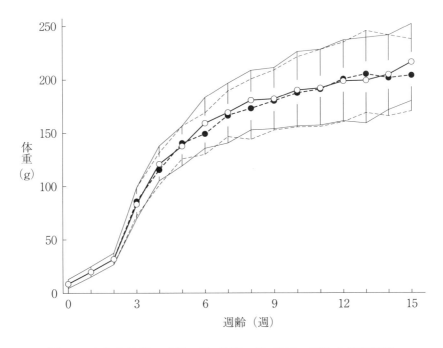

図17　ナキウサギの成長　○─○雌　●─●雄、平均±標準偏差

上し、以後同様な成績を維持している。なお、産仔数の幅は1匹から8匹であるが、最高14匹を生む個体も1例見られた。そのうち5匹を生む個体が最も多く全体の17.5％を占めた。年間に生まれた新生仔1,347匹中離乳できた仔数は898匹であり、離乳率は66.7％であった。離乳率については過去の成績から比較して若干ではあるが向上が見られた。しかし、ナキウサギの繁殖成績は、マウスやラットと比べ妊娠率がやや低く、胎仔残留や分娩遅延などの繁殖障害が認められる、哺育仔の死亡など問題点が残されている。

2）計画生産

ナキウサギを実験動物として用いるためには計画生産が必要である。得られた繁殖成績を基に計画生産の方法を確立した。

ナキウサギの交配、妊娠、出産、哺育、離乳に要する繁殖周期は7週間

表5　ナキウサギの繁殖成績

交配年月日 1982年	交配雌 匹数	妊娠 匹数	%	出産 匹数	%	産仔 匹数	×	離乳 匹数	%	生産指数
1月	35	24	68.6	24	100	111	4.6	61	55.0	1.7
2 〃	35	28	80.0	25	89.3	103	4.1	77	74.8	2.2
3 〃	36	26	72.2	24	92.3	113	4.7	80	70.8	2.2
4 〃	30	23	76.7	23	100	106	4.6	73	68.9	2.4
5 〃	31	25	80.6	23	92.0	115	5.0	65	56.5	2.4
6 〃	34	24	70.6	20	83.3	100	5.0	76	76.0	2.2
7 〃	35	27	77.1	23	85.2	120	5.2	86	71.7	2.4
8 〃	36	25	69.4	35	100	129	5.2	79	61.2	2.2
9 〃	40	28	70.0	26	92.9	133	5.1	85	63.9	2.1
10 〃	32	20	62.5	20	100	101	5.1	67	66.3	2.1
11 〃	34	26	76.5	24	92.3	109	4.5	77	70.6	2.3
12 〃	36	24	66.7	22	91.7	107	4.9	72	67.3	2.0
合計	414	300	72.5	289	96.3	1,347	4.7	898	66.7	2.2

で、マウスやラットと同じく7群の繁殖群を設けることにより、週単位で生産することができる。生産規模や繁殖能力によって種親を準備する数は異なる。繁殖群は雌7群、雄1群とし、雄の数は1群の雌数を1度に交配できる数を用意する。種雄は毎週1回雌と1夜同居交配させ、雄は次週まで休ませる。妊娠診断は交配後2週目の体重増加量で判断し、不妊雌は次の交配群に加えて再交配させる。計画生産を行うときは、種親の数を簡単に算出する最も便利な方法として、生産指数を用いる。この数値は1匹の雌親が1回の交配で得られる仔の数を示したもので、離乳仔数/交配雌数で求めることができる。表5で見られる生産指数2.2は、1回の交配で1匹の雌親から2.2匹の仔が得られたことを示している。そこで、毎週100匹の仔を生産するとすれば100/2.2＝45.4となり、1群の雌46匹として7群の雌322匹が必要であり、雄は46匹を準備することになる。従って、この生産指数が高ければ高いほど種親数を減じることができる。

　種親としての雌雄の選抜淘汰は、雌親であれば妊娠・出産回数、産仔数の多少、哺育率の良否から判断し、不良個体を早めに退役させ、優良個体のみ4～5産まで使用する。雄親は週1回の交配間隔で用い、雌の受胎回数、産仔数、離乳数を確認し、優良個体は連続して15～20回交配に用い

た後に退役させる。なお、新規種親用の動物は基本的には毎週一定数を補充し育成する。例えば雌は1群の1/4の数を、雄は1/15の数を目安に残す。なお雌雄とも早めに退役させる数を考慮し、若干多めに残す。新規に追加する種親は定期的に投入し、新旧の比率を一定にすることで生産の安定を計る。種動物の選抜は世代更新が進んでいて繁殖成績のよい親より得られた子孫を用いる。新規の種親は生後3ヵ月齢になってから用いる。3ヵ月齢のナキウサギは発育も順調でかつ外貌に異常がなく、被毛に艶があり、気性の穏やかな個体を選ぶ。それに該当しない個体は種親にしない。

VII. おわりに

ヒトの生理的モデル動物の開発では、大きく2つに分けることができる。その第1段階は室内で繁殖が可能であり、計画生産による量産体制が整備できることである。第2段階では実験動物としての特性・有用性を検索しモデル動物として実用化することにある。実中研では1974年にPuget, A. 博士から3ペアを導入し実験動物化を進めた結果、ナキウサギ専用の「CIEA-117」固形飼料の開発をはじめ、飼育・繁殖方法を確立した。また、計画生産による量産体制が整備された。そこで、1977年からナキウサギの催奇形性試験ならびに「特性や有用性の検索」が行われた結果、サリドマイドの催奇形性に対する反応性がカイウサギと異なり、ナキウサギはカイウサギの代替にはならなかった。しかしながら、1981年、ナキウサギには腎臓病変や貧血症が高頻度で発生することが明らかとなり、厚生省の「自己免疫疾患のモデル動物」研究班で検討され、新薬開発にあたっての実験動物として使用されるようになった[12]。

謝辞

本研究に際し、ご支援ならびにご助言を賜りました（財）実験動物中央研究所故野村達次所長、ならびに、ナキウサギを分与されたフランス国立薬物・毒物基礎研究所のPuget, A. 博士、当研究所故田嶋嘉雄学術顧問、育種遺伝学研究室江崎孝三郎室長、栄養研究室故山中聖敬室長、動物医学研

究室伊藤豊志雄室長、飼育技術研究室齊藤宗雄室長および諸氏に深謝いたします。

なお本研究は、昭和57年度、昭和58-60年度、平成1-3年度文部省科学研究費補助金の援助によるものである。

文献

[1] 朝日稔、川道武雄(1991).現代の哺乳類学、東京、朝倉書店、280pp.
[2] Dice,L.R.(1927).The Colorado pika in captivity.J.Mammals, 8,3.
[3] 芳賀良一(1958).ナキウサギの実験動物化に関する生態学的研究、実験動物、7,69-80.
[4] 馮柞建、蔡桂全、鄭昌林(1986).西蔵哺乳類、北京、科学出版社、287pp.
[5] 北海道保健環境部自然保護課(1991).野生動物分布等実態調査報告書、ナキウサギ調査報告書、159pp.
[6] 川道武男(1994).ウサギがはねてきた道、東京、紀伊國屋書店、270pp.
[7] 岸田久吉(1933).ハツカウサギ(廿日兎) 綜説、植物及び動物、1,21-34.
[8] 松﨑哲也、齊藤宗雄、山中聖敬、江崎孝三郎、野村達次(1980).実験動物としてのナキウサギ*(Ochotona rufescens rufescens)* の室内飼育および繁殖、実験動物、29,165-170.
[9] Matsuzaki,T.,Saito,M.,Sakai,A.,Matsumoto,T.,Ganzorig,S. and Maeda,U. (1998). Rearing of Plateau Pika*(Ochotona daurica)* Captured in Mongolia., Exp. Anim., 47,203-206.
[10] Nishiura,H.,Shiota,K.,Uwabe,C. and Nomura,T (1986).Joint Study on the Teratogenic Sensitivity of the Pika *(Ochotona rufescens rufescens)* to Selected Drugs., Exp. Anim., 35,387-408.
[11] 野村達次(1986).小型ウサギ動物の実験動物化とバイオメディカル研究分野における有用性の検索、昭和58-60年度科学研究補助金試験研究報告書、(財)実験動物中央研究所、56pp.
[12] 野村達次、飯沼和正(1991).六匹のマウスから、日本の実験動物・45年、東京、講談社、287pp.
[13] 野村達次(1992).高地適応動物モデルとしてのナキウサギの調査研究、平成1～3年度科学研究補助金国際学術研究報告書、(財)実験動物中央研究所、101pp.
[14] Puget,A.(1973).Thesis,Etude anatomique,physiologique et biochimique de L'Ochotone afghan*(Ochotona rufescens rufescens)* en vue de utilization comme animal de laboratoire. 102pp.
[15] Puget,A.(1973). *Ochotona rufescens rufescens* in captivity reproduction and behavious. J.Inst. Anim. Tech.24,17-24.
[16] Puget,A.(1973). The Afghan pika*(Ochotona rufescens rufescens)* a new

laboratory animal. Lab. Anim. Sci. 23, 248-251.
[17] 酒井秋男、柳平垣徳、小坂光男、野村達次、齊藤宗雄、松﨑哲也 (1994). ナキウサギ (Pika) の高地適応特性、成長、33, 103-106.
[18] 酒井秋男 (2003). 極限高地棲息動物の生理特性、平成 12-14 年度科学研究費補助金研究成果報告書（課題番号 12576001)、158pp.
[19] 鈴木善祐、友田仁、江崎孝三郎 (1982). ナキウサギ：とくにその生理的な過剰排卵と過剰黄体形成について、実験生殖生理学の展開、ソフトサイエンス社、380-392.
[20] 田谷順子 (1985). ナキウサギにおける受精卵の初期発生に関する研究、北里大学大学院獣医畜産学研究科修士課程論文、45pp.
[21] Underhill, J. E. (1962). Notes on pika in Captivity, Canada Field-Nature list., 76, 177-178.

2. スンクス（House musk shrew）

スンクス
Suncus murinus

I．スンクスの導入と開発の経緯

　1970 年代から、ヒトの生理的モデルに比較生物学的観点から大学をはじめ多くの医療研究機関で様々な野生動物から実験動物の開発が進められてきた。名古屋大学農学部の近藤、織田ら[2,3,12,13]は、1974 年頃から食虫目トガリネズミ科ジャコウネズミ属に位置するスンクス (Suncus murinus)[4,15] の実験動物化を試み、実験室内での繁殖に成功した。

　実中研では 1980 年、近藤恭司教授より室内で生まれたスンクス雌雄 26 匹の分与を得てこれを基礎コロニーとし、室内における計画生産および量産の検討に着手した。1981 年に食虫目動物の固形飼料の作成に世界で初めて成功したことにより、翌年には月産 100 匹以上の計画生産体制を確立できた[6]。その後、繁殖コロニーの育成ならびに生産拡大に努めた結果、この繁殖コロニーは年間を通して安定した生産が可能となり、この繁殖集団を Jic:SUN 系と命名し実中研のオリジナルな系統とした[7]。スンクスの計画生産ならびに量産が可能になったことから、実験動物としての特性・有用性が理化学研究所ライフサイエンス委託試験研究費、および厚生省科学研究費補助金の援助によって検索された[1,4,14]。

II．生物学的概要

1．動物分類学的位置

　ジャコウネズミ Suncus murinus は、英語名で House musk shrew と呼ばれているが、実験動物名としてげっ歯目動物のネズミ類との混同を避けるためにスンクスと呼ばれている。ジャコウネズミは食虫目トガリネズミ科ジャコウネズミ属に位置する動物である。現存する食虫目動物は 400 種以上で、げっ歯目や翼手目についで種類が多い。わが国には 2 亜科 4 属 12 種が分布している。これら食虫目動物は、白亜紀に現れて以来真性有胎盤類の中でも共通の祖先として原始的な形態を保ってきたもので、進化学上重要な位置を占めている。霊長目は食虫目から直接分かれたと考えられて

図18 成熟したスンクス *Suncus murinus*

おり、他の哺乳動物より霊長目に近縁であることから比較生物学的モデルとして貴重な実験動物である[4]。

2．形態的特徴

　スンクスの体毛は黒色または黒褐色で、細長い口吻は下顎より前方に突出している。足は前後とも短く指は5本である。歩くときは四肢の足裏を地面につけて歩き、暗がりを好む。スンクスの成熟時の体重は雌で約30〜50g、雄で約50〜70gとやや雄の方が大きく、小型で取り扱いも容易な動物である（図18）。スンクスの脇腹には一対の臭腺（ジャコウ腺）があり、この臭腺から種特有の臭いを出す。和名のジャコウネズミはこの臭いからつけられたものと考えられる。また、感染症に起因する病態はほとんど見られない。

3．生息分布

　スンクスは温暖な地方に住み、南米、グリーンランド、オーストラリアを除く、全世界に分布し、マダガスカルから東南アジアを中心にアフリカ、インド、グァムなどの亜熱帯地域に広く生息分布している[5]。わが国では長崎県を北限として鹿児島県および沖縄県に生息している。

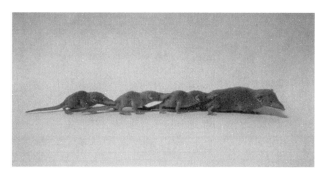

図19　生後10日〜14日目位の幼仔期に見られるスンクスのキャラバン行動

4．一般的習性

　スンクスは、生後10日目位の幼仔期に親あるいは同胞の尾根部をくわえて歩くキャラバン行動が見られる（図19）。この整然とした行動は、親仔が移動するときに多く見られるが、突発的な刺激により逃避や身を守る場合に、親や同胞の体の一部にしがみつく状態が多く見られる。また、生理的な特徴としては、振動や薬品のわずかな刺激でヒトと同様の嘔吐現象が見られる[4]。

5．生理学的特性

　交尾刺激により排卵する動物としては前記したナキウサギやウサギ・ネコ・ミンクなどが知られているが、食虫目トガリネズミ科に属するスンクスの発情状態もウサギ型に属し、卵巣には常に成熟卵胞が存在し、雌は何時でも交尾可能な状態にある。この動物の自然排卵数や性腺刺激ホルモン投与による排卵誘起について検討した著者らの結果は次のようである。

　成熟スンクスの自然交配による排卵数に関しては、排卵陽性率は83.3%であり、平均排卵数は4.4±1.9個であった。スンクスに性腺刺激ホルモンである妊馬性性腺刺激ホルモン（PMSG）またはヒト絨毛性性腺刺激ホルモン（hCG）をそれぞれ単一投与した結果、双方共に自然排卵数と同程度の排卵が誘起された。スンクスにPMSGとhCGの双方を用いた過排卵誘起では、PMSG 7.5^{LU}を腹腔内に投与し、引き続き48時間後hCG 7.5^{LU}を

腹腔内に投与したこの群は排卵陽性率が94.6%と高値を示し、平均排卵数は11.7±13.4個であった。これら過排卵陽性個体35匹中15匹は自然排卵数の約5倍の排卵（21.0±16.5個）が誘起され、過排卵効果が確認された。そこで、PMSGとhCGの双方の投与量を5.0^{IU}とし、PMSG投与からhCG投与までの間隔を72時間とした群では全例が排卵し平均排卵数は41.3±19.9個であった。PMSGとhCGとの投与間隔を長くすることにより排卵数を増加させることができた。なお、過排卵誘起によって回収された卵子の約97.5%は卵子を取り囲む卵丘細胞の付着した卵丘卵であった[8,9]。

6．実験動物としての特性・有用性

嘔吐を誘起する要因は非常に多く、その中でもがん化学療法剤の副作用による嘔吐などは深刻な問題となっている。スンクスの嘔吐は人間の場合と同様にほぼ全身を使った協調的な反射運動によるもので、鎮吐剤や嘔吐の副作用の少ない薬物の開発に期待されている。また、動揺病は加速度刺激の反復で起こる疾患で、加速度病または乗り物酔いとも呼ばれている。動揺病は、あくび、流涎、顔面蒼白、手足の冷感、冷や汗、目眩、悪心、嘔吐など自律神経失調を呈する。地上では静止していれば動揺病にならないが、宇宙では無重力状態が著しい感覚矛盾を引き起こすため宇宙で静止していても動揺病が発症し易くなる。このため宇宙開発の大きな支障となっている。こうした動揺病に対する改善や薬の開発に実験動物としてのスンクスが期待される[5]。

III．飼育繁殖の歴史

1．飼育繁殖の試み

1）名古屋大学農学部の近藤恭司教授らは、1977年に長崎県、沖縄県やジャカルタで捕獲したスンクスを室内で繁殖を試みた。当初は一般的な金属製やプラスチック製のケージを用いて繁殖を試みたがうまくゆかず、木製の飼育箱を自作し室内の照明を暗くするなど飼育環境に留意したことで繁殖が可能になった[2]。スンクスは捕獲

動物の産地別あるいは産地間の交雑によって維持された。
2）実中研では、1980年に近藤恭司教授より雌13匹雄13匹[2,11]を導入した。著者らは、導入したスンクスを基礎コロニーとし、これらの子孫を維持しながらコロニーの拡大に努め、計画生産による量産体制を整備した[6]。
3）東京大学医科学研究所の服部正策研究員は、1982年にスンクスに近縁のトガリネズミ科ジネズミ亜科に属するワタセジネズミ *Crocidura horsfildi watasei* の実験動物化を試みている。本種はアジア南部に広く分布し、わが国では南西諸島に分布している。成獣において頭胴長約6cm、体重6g と哺乳類の中でも極めて小型の動物種である。食性は昆虫を中心とする肉食性である。産仔数は2〜4匹であり、繁殖季節は春から秋に妊娠個体が捕獲されていることから、周年繁殖と考えられている。室内飼育では、木製のケージ内にキャットフードとミルワームを与えて飼育している。この方法で雌雄12組を交配させて1982年11月に雄1雌2の新生仔を得ている[3]。

IV．飼育室環境と飼育器材

1．飼育室環境

飼育室内の温度はマウス・ラット飼育室よりやや高い温度が望ましいとされる。しかし、著者らは室内の臭気を考慮し、温度は22±2℃、湿度は55±5%、換気回数は全新鮮空気による10〜15回/時で飼育した。照明は12時間を明、12時間を暗とした。管理では、室内作業のうちケージ交換は週1〜2回とし巣箱や給餌器も同時に取り換えた。交換した機材は洗浄後121℃20分間のオートクレーブ（高圧蒸気）滅菌し次の使用に備えた。飼育室内の作業終了後には清潔に維持するため毎日床をモップで清拭した。

2．飼育器具器材

1）飼育ケージ

ケージは、動物入手当初では既存のプラスチック製のエコンケージを用いたが、床敷の汚れや臭気が強いことから、日常作業に便利なアルミ製金網床ケージ（間口26cm、奥行40cm、高さ22cm）を作成して用いた。このケージの材質や構造はナキウサギのケージと同様である。この育成用ケージには、雄親や育成仔を収容した。出産・哺育用の繁殖ケージには、アルミ製平底ケージを作成して用いた。大きさは間口26cm、奥行38cm、高さ19cmのもので、各面をアルミ板にして、前面にのみ網目間隔5mmのステンレススポーク扉を取り付けた。また、洗浄滅菌ならびに保管などの利便性を考え、ケージ天井板の取り外しを可能にし、本体の側面には傾斜をつけて積み重ねができるようにした。

2）巣箱と床敷

巣箱は、間口17cm、奥行24cm、高さ12cmのプラスチック製の箱で、すべての動物に用いた。巣箱には直径4cm×長さ15cmの段ボールの筒を入れた。スンクスは体の一部を物に触れている習性があり、段ボールは体の接触に適当で、「隠れ場」としても活用された。また、ケージ交換などの作業時には、動物が「隠れ場」として筒に入るため、筒に入ったまま動物が移動できるので便利であった。出産・哺育時には木屑（カンナクズ）と若干の脱脂綿を入れた巣箱を平底ケージ内に設置した。給餌器はステンレス製の円筒形のものを用い、給水はプラスチック製のマウス用給水瓶で、自由に飲水させた。

3．飼料

動物入手当初の飼料は、ネコ用の缶詰や固形飼料を主に与え、補食に豚や鶏の内臓をミンチして与えた[16]。その後、ミルクカゼイン、コーンオイルなどの混合物に新鮮肉類を加えてペレット化した自家製のものを与えた。さらに筆者らは、トウモロコシ、小麦、大豆粕、魚粉、脱脂粉乳などを主原料とし、それにビタミン、ミネラルなどを加えた直径3mm、長

表6 スンクス固形飼料 CIEA-305 の成分分析値

Moisture	4.7	%	Crude fiber	1.7	%
Crude protein	38.4	%	Crude ash	6.9	%
Crude fat	6.4	%			
Retinol	0.27	mg %	VitaminE	9.0	mg %
VitaminB$_1$	1.25	mg %	Niacin	9.59	mg %
VitaminB$_2$	1.65	mg %	Pantothenic acid	5.70	mg %
VitaminB$_6$	0.69	mg %	Folic acid	0.21	mg %
VitaminB$_{12}$	5.0	μg %	Biotin	45.5	μg %
VitaminC	ND*		Choline	370.0	mg %
VitaminD$_3$	ND**		Inocitol	170.0	mg %
Calcium (Ca)	1,196.0	mg %	Iron (Fe)	6.6	mg %
Phosphorus (P)	922.0	mg %	Copper (Cu)	0.6	mg %
Magnesium (Mg)	88.0	mg %	Zinc (Zn)	5.6	mg %
Potassium (K)	5.98	mg %	Sodium (Na)	339.0	mg %
Manganese (Mn)	15.0	mg %			

Not detective=*100^{IU}/100g, **900^{IU}/100g

さ5mmの固形飼料CIEA-305[6,7]を開発した。1981年9月以降はその固形飼料を工場生産し給餌した。この飼料のみの給餌で繁殖が可能となった。その後も組成に改良を加え、食虫目動物の固形飼料として世界で初めて開発に成功した。その組成成分表を表6に示す。

V. 繁殖と成績

1. 交配

スンクスの性成熟期は生後2ヵ月齢であることから、交配開始は当初2ヵ月齢で用いていた。しかし、妊娠率が低いことや初産月齢の多くが4ヵ月齢であったことから、1980年9月以降は雌雄とも生後3ヵ月で交配に用いた。同居期間も、当初は雌1：雄1で7～14日間の連続同居を行ったが、交尾の成立が、同居当日または3日以内に見られたため、雄と雌の同居期間を1～2日間とする方法で行った。

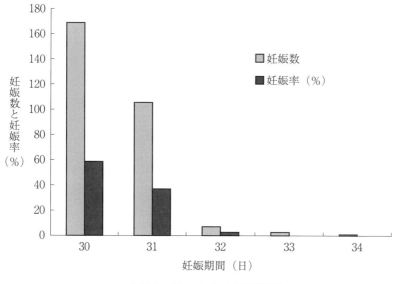

図20 スンクスの妊娠期間

2．妊娠診断

スンクスの妊娠診断は、体重の増加量で診断した。交配後10日目では体形に変化は見られず、20日目の体重増加量の多少と、下腹部の膨らみ具合で判定した。すなわち丸みを帯びた個体を妊娠、丸みの見られない個体を不妊と判定した。

3．妊娠期間

妊娠期間については、一夜同居交配させた出産雌286匹の妊娠期間から、雌雄同居日を0日として起算した場合、30日が169匹、31日が106匹で全体の96.2%を占めた。次いで32日が7匹、33日が3匹、34日が1匹となり、スンクスの平均妊娠期間は30.46±0.63日であった(図20)。

4．出産

スンクスの出産は、当初カンナクズのみを入れた巣箱で出産・哺育させたが、カンナクズを踏み固めてしまうため営巣ができず、哺育が不良で

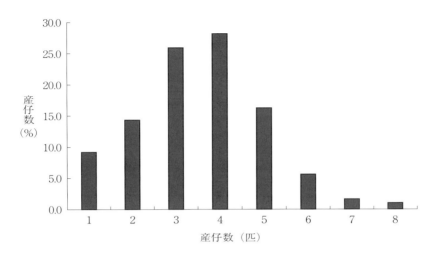

図21　スンクスの産仔数分布（1982）

あった。そこで、少量の脱脂綿を巣材に加えたところ、スンクスはカンナクズと脱脂綿をよく混ぜ合わせ、新生仔を覆い隠すトンネル状の巣をつくることがわかり、その結果哺育も良好となったので、以後これを巣材として使用した。

5．産仔数

年間出産雌数662匹の産仔数の分布を図21に示す。1腹当たりの産仔数は1～8匹であるが、4匹の産仔数が28.3％で最も多く、3～5匹を出産する個体は全体の78.0％を占めた。平均産仔数3.5±1.5匹という成績は、近藤[2]、織田[12,13]、Morita[10]の成績より若干上廻るものであった。

6．離乳

離乳は原則として3週齢とし、発育の良い個体は数日早めに親から分離させた。離乳率をみると、月別では4月、6月、7月は87.0～91.1％と高率であったが、2月は64.4％とやや低率で、これらの原因としては室温の変動が考えられるが詳細は定かでない。また、離乳に至らなかった仔のほとんどが生後1週間以内に死亡または母親による喰殺であった。喰殺の原

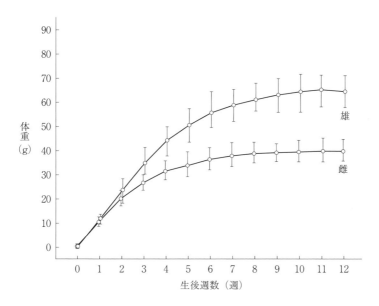

図22 スンクス（Jic:SUN 系）の体重変化

因は仔の授乳能力が欠けていたためなのか、母親の哺育拒否によるものかを調べたところ、その多くは後者であった。

7．新生仔の発育

新生仔の平均体重は雌雄共に2.9gであるが、授乳期から体重に雌雄差が生じる。3週齢で離乳するが、哺育時は雌雄とも旺盛な体重増加が見られ、3週齢で雌の体重は28.8±3.9g、雄で36.8±6.7gであった。育成仔は3ヵ月齢まで1ケージ当たり雌雄とも2～4匹で収容し飼育した。6週齢では雌は38.1±3.8g、雄は58.3±6.9gと雌雄間に約20gの差が生じた。6週齢以降は成長が鈍化し、12週齢の雌で約41g、雄で約66gとなる（図22）。スンクスの体重変化を週齢別に変異係数で見ると、雌の2週齢で約16％、雄の1～3週齢で約20％、その他の週齢では雌雄いずれも10％前後であった。

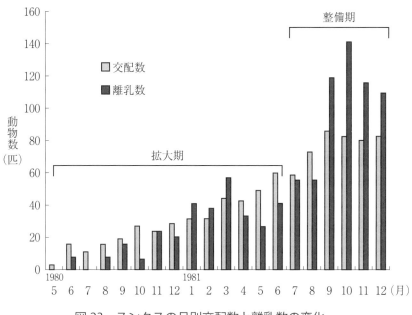

図23 スンクスの月別交配数と離乳数の変化

8．繁殖成績

1）繁殖コロニーの拡大期

種動物導入から計画生産が軌道に乗るまでの期間を大別すると、種動物を導入した1980年5月から翌年の8月まではコロニーの拡大期であり、計画生産が整った1981年12月までをコロニーの整備期とすることができる。コロニー拡大期では、交配可能な雌に対して繰り返し交配を試みたこと、また、この期間に得られた離乳仔は全て種用に残し、選抜淘汰をせずに交配させたことも交配数が離乳数を上廻った理由の1つに考えられる。離乳仔の数も1981年1～3月を除き、交配数よりも低い数値であるが増加した。図23に関与している雌親の生涯における繁殖成績を見ると、例えば、1980年の5～6月にかけて交配群に加わった雌10匹は、平均交配回数は10.9回に対し妊娠率は40.2％であった。それが、コロニーの拡大に伴ない、交配回数が減少し、妊娠率が上昇していく傾向が認められた。また、世代別にみたコロニー間の比較においても、生産指数(1回の交配で1

表7 スンクスの月別繁殖成績（1982）

1982年	交配数	妊娠数	妊娠率(%)	出産数	出産率(%)	産仔数	平均産仔数	離乳数	離乳率(%)	生産指数
1月	74	48	64.9	41	85.4	131	3.2	97	74.0	1.3
2月	85	65	76.5	56	86.2	177	3.1	114	64.4	1.3
3月	95	73	76.8	65	89.0	206	3.2	162	78.6	1.7
4月	79	62	78.5	53	85.5	191	3.6	167	87.4	2.1
5月	87	73	83.9	69	94.5	250	3.6	188	75.2	2.2
6月	77	58	75.3	52	89.6	200	3.8	174	87.0	2.3
7月	69	52	75.4	47	90.4	146	3.1	133	91.1	1.9
8月	80	59	73.8	51	86.4	182	3.6	143	78.6	1.8
9月	87	65	74.7	61	93.8	210	3.4	164	78.1	1.9
10月	66	48	72.7	44	91.7	165	3.7	124	75.2	1.9
11月	95	68	71.7	64	92.3	239	3.6	163	72.7	1.7
12月	100	66	66.0	59	88.1	208	3.4	151	74.7	1.5
計	994	737	74.1	662	89.8	2305	3.5	1780	77.2	1.8

匹の雌親から得られた離乳仔数）を見ると、P世代（導入動物）の生産指数は0.5であったのが、第1世代では0.8に、第2世代では1.1と向上している。このように世代更新が進むに従い繁殖能力の高い雌の割合が増していった。このP世代から第2世代までの間に種親として雌128匹、雄60匹、育成仔として雌雄計127匹のコロニーが形成され、これによって繁殖コロニー拡大への目標はほぼ達成できた。

2）繁殖コロニーの整備期

コロニーの整備期では、コロニー拡大期でできなかった種親候補の選別、ならびに繁殖に用いてきた種親の選抜淘汰を行った。種親候補の選別に際しては、特に以下の点に留意した。すなわち、世代更新が進んでいて繁殖成績の良い親より得られた仔を用いる。選ばれた3ヵ月齢（交配適齢期）のスンクスの中から、さらに選抜し、発育も順調で、外貌に異常がなく、気性の穏やかな個体を種親とした。また、雌親・雄親共に過去の繁殖実績（個体別繁殖記録カード）に照らして選抜淘汰した。1981年9月から12月にわたって選抜淘汰を繰り返し、さらに、優秀な成績を残していても老齢(生後12ヵ月以上)となった種親を退役させた1981年の9〜12月

の間は図23に示す。1ヵ月当たりの交配数は約80匹となり、離乳数も交配数を上廻り、コロニー拡大期である1981年の8月までの成績を大きく改善できた。この4ヵ月間の繁殖成績をみると、述べ交配雌数330匹に対し、妊娠率69.4%、出産率83.4%、平均産仔数3.3匹、離乳率は76.3%であった。すなわち、種親の選抜淘汰と共に若い種親を継続的に補充し、常にコロニーの更新を図ることが重要と考えられる。また、9月以降に生産されたスンクスは、種親の補充数を確保し、それ以外の生産動物を外部へ供給することが可能となり、計画生産体制の基礎がほぼ固まった。表7に1982年1年間の繁殖成績を示す。月によって多少のバラツキはあるが、ほぼ安定した生産を続けることができた。表7における雌親の更新は、4～5産経産した雌を繁殖群からの退役の1つの目安として処女雌と交代させた。

3）循環交配方式による繁殖成績

1980年にスンクスの基礎コロニーを導入して以後、クローズドコロニーとして3ヵ年間ランダム交配で繁殖させ、コロニーの育成を続けてきた。1982年12月には、それまで維持された繁殖集団（雌88匹、雄27匹）の由来を調べた結果、導入した雌13匹、雄13匹のうちの雌5匹、雄5匹の間で生まれた子孫であることが判明した。

このことは、このままランダム交配で世代更新を進めて行くと導入個体が本来持っている遺伝子多様性を消失する恐れがある。そのため、1983年1月より繁殖コロニーを任意にA、B、Cの3群に分け、循環交配方式（コロニー内で近親交配を避けるためと、コロニー内の中で分化の起こることを防ぐための交配方法）による繁殖を行うことにした。1984年の繁殖成績をもとに、3群の雌雄間での繁殖成績を比較した。その結果、A群の交配数185匹に対する出産率は76.2%、平均産仔数3.5匹、離乳率85.7%であり、同様にB群212匹の成績では、出産率は79.7%、平均産仔数3.8匹、離乳率89.6%、C群の166匹では出産率は75.9%、平均産仔数3.7匹、離乳率90.5%であった。この成績から、3群の間に有意な差異はなく、各群の雌および雄で繁殖に悪影響を及ぼす不適合性組み合わせはないものと判断した[7]。

表8　スンクス（Jic:SUN 系）の 6 年間の月別繁殖成績（1983-1988）

1983-1988 月	交配雌数	出産雌数	出産率 %	総産仔数	平均産仔数	総離乳数	離乳率	生産指数
1	250	195	(78.0)	668	(3.2)	520	(77.8)	2.1
2	238	170	(71.1)	621	(3.7)	490	(78.9)	2.1
3	248	186	(75.0)	667	(3.3)	529	(79.3)	2.1
4	243	187	(77.0)	647	(3.2)	538	(83.2)	2.2
5	273	215	(78.8)	771	(3.2)	653	(84.7)	2.4
6	264	216	(81.8)	738	(3.2)	589	(79.8)	2.2
7	243	193	(79.4)	695	(3.4)	585	(84.2)	2.4
8	246	196	(79.7)	690	(3.3)	554	(80.3)	2.3
9	256	200	(78.1)	708	(3.7)	584	(82.3)	2.3
10	245	183	(74.7)	651	(3.5)	564	(86.6)	2.3
11	268	205	(76.5)	725	(3.4)	620	(85.5)	2.3
12	242	182	(75.2)	630	(3.3)	529	(84.0)	2.2
計	3016	2328	(77.2)	8211	(3.5)	6755	(82.3)	2.2

4）月別繁殖成績

　表8は1983年以降6年間の繁殖成績を月別に整理し、比較を試みたものである[6]。出産率では6月が81.8％で最も高く、2月は71.1％とやや低値であった。年間の平均出産率は77.2％であり、その成績は比較的高く、かつ安定していた。産仔数は3.2匹から3.7匹の範囲にあり、2月と9月では3.7匹と他の月より若干多かった。平均産仔数は3.4匹となり、月別による産仔数に明らかな傾向はなく、その変化も比較的小さかった。離乳率では、77.8～86.6％の範囲内にあり、各月とも比較的高く安定した成績が得られた。なお、これらの成績を総合した生産指数では、1～3月が2.1であるのに対し5月と7月は2.4であり、両者間に有意差はないが、夏期の方が冬期よりわずかながら優れていた。

5）繁殖能力

　1983年1月から1984年12月までの2年間に生まれた雌218匹の生涯における繁殖能力を表9に示した。処女雌218匹の初回の出産率は65.0％と低率であった。これは、218匹中17匹の不妊個体が含まれたためと思われる。初産を経験した雌の出産率は2産目：73.6％、3産目：78.5％、4産目：

表9 スンクス（Jic:SUN系）の経産別繁殖成績（1983.1 - 1984.12）

経産回数	1	2	3	4	5	6	計
交配使用雌数	218	196	173	153	123	48	911
使用率	100	89.9	79.4	70.2	56.4	22.0	84.4
交配数	309	242	195	167	133	51	1097
出産数	201	178	153	128	99	37	796
出産率	65.0	73.6	78.5	76.6	74.4	72.5	72.6
総産仔数	671	688	574	476	321	123	2853
平均産仔数	3.3	3.9	3.8	3.7	3.2	3.3	3.5
総離乳数	617	623	474	389	272	112	2487
離乳率	92.0	90.6	82.6	81.7	84.7	91.3	87.2
生産指数[*]	2.0	2.6	2.4	2.3	2.0	2.2	2.3

[*] 総離乳数／交配数

76.6％、5産目：74.4％といずれも安定した成績が得られている。一方、優秀な雌親でも、5回の出産をする個体は全体の56.4％であり、6産できるものは22.0％であった。産仔数については、初産は3.3匹であったが2産目：3.9匹、3産目：3.8匹、4産目：3.7匹と安定するが、5産目以降では減少する傾向が見られた。離乳率では1〜2産目は90.6〜92.0％と高率であるのに対し、3〜5産目は81.7〜84.7％とやや低率であった。生産指数では、2産目から4産目までが2.3〜2.6とスンクスの生涯で最も繁殖力が高く示される時期となった。なお、総合的に繁殖能力の優れた雌個体は、5〜6産まで経産を進めることができた。

VI. おわりに

実験動物の計画生産に際し、その生産効率を向上させるには、選抜淘汰などの育種学的手法を用いた繁殖コロニーの育成と共に、その動物の生涯で最も繁殖力の旺盛な期間を種親として利用することが重要である。筆者ら[6]は、繁殖コロニーの増殖期に不良個体の選抜淘汰を強化してスンクスの計画生産を可能にした。今後、スンクスの生産効率を高めるためには育種学的選抜が必要と思われる。

スンクスがこれからの実験動物としてさらに活用されるためには、嘔吐反応などの動揺病の研究以外にも優れた特性を生かしたモデルの開発が必要である。例えば、スンクスの顎下腺には、マウス、モルモットの10倍の神経成長因子（NGF）活性があることが明らかにされている。NGFは胎生期の知覚神経節や交換神経節の分化・成長に不可欠な蛋白であり、神経細胞の機能維持や再生促進作用も認められており、この方面の研究が待たれる。また、スンクスは絶食させることにより容易に脂肪肝になり、摂食させると消失することが知られている。これを利用し、今までにないタイプの肝障害モデル動物[5]も考えられるであろうし、さらにマウス・ラットにない特性・有用性を見出せると考えられる。

謝辞

　本研究に際し、ご支援ならびにご助言を賜りました（財）実験動物中央研究所故野村達次所長、スンクスを頂いた名古屋大学農学部家畜育種学教室の故近藤恭司教授、当研究所の栄養研究室故山中聖敬室長、飼育技術研究室齊藤宗雄室長および諸氏に深謝いたします。なお、これら研究は、昭和58〜63年度理化学研究所ライフサイエンス委託試験研究費、および平成6年度厚生省科学研究費補助金の援助によるものである。

文献

[1] 古村圭子、栗木隆吉、太田克明、横山　昭（1986）.スンクス—実験動物としての食虫目トガリネズミ科動物の生物学—、126-139.近藤恭司監修、学会出版センター、東京.
[2] 近藤恭司、織田銑一（1977）.野生食虫類（ジャコウネズミ）、実験動物学技術編、258-268.田嶋嘉雄編集、朝倉書店、東京.
[3] 近藤恭司(1977).ジャコウネズミ・実験動物としてのジャコウネズミ、ライフサイエンスの現状と将来、1133-1154.理化学研究所編、創造のライフサイエンス研究会、東京.
[4] 近藤恭司監修（1985）.スンクス—実験動物としての食虫目トガリネズミ科動物の生物学—、535pp.学会出版センター、東京.
[5] 松木則夫(1990).特集—注目の実験モデル動物　スンクス（ジャコウネズミ）、生態の科学、41,539-544.

[6] 松﨑哲也、齊藤宗雄、山中聖敬（1984）. スンクス *(Suncus murinus)* の計画生産、実験動物、33, 223-226.
[7] 松﨑哲也、田中 亨、斉藤亮一、山中聖敬、齊藤宗雄、野村達次（1992）. スンクスにおけるクローズドコロニー（Jic: SUN）の確立、Exp. Anim., 41, 167-172.
[8] Matsuzaki, T., Matsuzaki, K., Yokoyama, M., Yamada, S., and Saito, M. (1997). Superovulation Induction in the House Musk Shrew *(Suncus murinus)*. Exp. Anim., 46, 291-296.
[9] Matsuzaki, T., Matsuzaki, K., Yokoyama, M. and Saito, M. (1997). The Period of Ovulation and Presence of the First Polar Body of Ova Ovulated in the House Musk Shrew *(Suncus murinus).*. Exp. Anim., 46, 183-189.
[10] Morita, S. (1964). Reproduction of Riukiu musk shrew, *Suncus murinus riukiuanus Kuroda.*, 1., On the breeding season, size of litter embryonic mortality, transference of ovum and duration of gastation., Sei BuU Fac., Lab., Arts & Edue., Nagasaki Univ., 15, 17-40.
[11] 織田銑一、近藤恭司（1976）. リュウキュウジャコウネズミ *(Suncus murinaus riukiuanus)* その実験動物化の現段階、哺乳類科学、33, 13-30.
[12] 織田銑一、近藤恭司（1977）. 野生食虫目の実験動物化、実験動物、26, 273-281.
[13] 織田銑一（1979）. ジャコウネズミ *Suncus murinus* の実験をめぐる経緯、系統生物、4, 81-88.
[14] 織田銑一（1985）. 飼育管理と繁殖方法、スンクス―実験動物としての食虫目トガリネズミ科動物の生物学―、126-139. 学会出版センター、東京.
[15] Sharma, A. and Mathur, R. S. (1975). Cyclic changes in the Uterine Phosphatases of *Suncus murinus sindensis,* the Indeancommon house shrew., Acta., Anat., 92, 376-384.
[16] 山中聖敬、松﨑哲也、齊藤宗雄（1983）. ナキウサギ、スンクス、ミラルディア、マウス、ラットの消化管の長さおよび重量、実験動物、32, 47-49.

第2章　野生動物の寄生虫と室内繁殖

1. メキシコウサギ（Volcano rabbit）

メキシコウサギ
Romerolagus diazi

第2章では野生のメキシコウサギ、アマミノクロウサギ、およびオオネズミクイの3種を取り上げた。メキシコウサギは、1979年神谷正男教授（北海道大学獣医学部）らがメキシコにて「ムカシウサギ亜科の生態学と宿主寄生体を指標とした系統発生学的研究」を実施した時に捕獲した野生メキシコウサギ雌雄4匹を実中研に導入された。筆者らはこれら動物を使って室内飼育を開始し、1980年に世界で初めて室内繁殖に成功し、その後増殖に努めた。

　アマミノクロウサギは、1984年に奄美大島にて野生のアマミノクロウサギ雌雄10匹を捕獲し、室内でのケージ飼育を試みた。繁殖ケージは特別に作製した6連式のものを用いた。このケージでアマミノクロウサギを飼育すると共に、5ペアをランダムに同居させ、延べ74回の交配で1ペアに交尾が成立し、1986年6月に新生仔1匹の誕生をみた。しかし、ヒトに対する警戒心が強く馴れることはなかった。

　オオネズミクイは1982年オーストラリア獣医学研究所で維持されていた10ペアを導入した。導入した翌年には出産が見られ、当初はオーストラリアの出産期と同じ6～8月に集中して見られたが、次の年は4～6月、1985年は2～3月、1986年は1～3月に集中した。このように、オーストラリアと日本の気候とが異なることから繁殖期が移動し、日本のどの気候に固定するかは興味ある課題である。

　上の3種の野生動物の実験動物化は、第1段階の計画生産を可能にするまでには至らなかった。

1. メキシコウサギの導入と開発の経緯

　小型ウサギ目動物としてムカシウサギ亜科に属するメキシコウサギが実験動物候補として取り上げられたのは、1977年神谷正男（北海道大学獣医学部）らが、寄生虫学的調査のためメキシコを訪れ、その際に捕獲したメキシコウサギ1匹を実中研に持ち帰ったのが最初であった。この動物を実験動物化するには、まず、人為的繁殖の可能性を見出すことであった。地元メキシコのチャプルテペック（Chapultepec）動物園でも、屋外にお

表1　メキシコウサギの動物分類学的位置

　　　脊椎動物部門　(Phylum : Vertebrata)
　　　　哺乳網　(Class : Mammalia)
　　　　　ウサギ目　(Order : *Lagomorpha*)
　　　　　　ウサギ科　(Family : *Leporidae*)
　　　　　　　ムカシウサギ亜科　(SubFamily : *Palaeolaginae*)
　　　　　　　　メキシコウサギ属　(Genus : *Romerolagus*)

ける放し飼い飼育を試みているが繁殖には成功していない。このことから、繁殖の難しさが指摘されていた。1979年神谷らは、再びメキシコを訪れ寄生虫学的調査を実施すると共に、この時に捕獲したメキシコウサギ雌1匹雄3匹を実中研に導入した。実中研では、これらの個体を基に室内での飼育繁殖を開始した結果、導入してから約1年後の1980年に、世界で初めて室内での出産に成功した。以後、室内繁殖が可能となり世代の更新と増殖に努めた。

メキシコウサギは、1965年頃から、WWFで本種が絶滅の危機に瀕していることが指摘され、希少な動物として国際自然保護連合（International Union for Conservation Nature and Natural Resources）以下（I.U.C.N.）のレッド・データ・ブック（Red Data Book）に記載された「世界の天然記念物」である。

このメキシコウサギの室内繁殖方法が確立できれば、メキシコウサギの生理生態を把握することも可能となり[25]、希少種の保全対策に貢献できるものと思われる。

II. 生物学的概要

1. 動物分類学的位置

メキシコ固有の動物であるメキシコウサギは、英名ではVolcano rabbit（火山帯兎の意）、現地ではZacatuche、Teporingoなどと呼ばれている。

図1　成熟に達した雌のメキシコウサギ

1893年メキシコの地理探検家Ferrari Perezによって最初にLepus diaziと命名されたが、のちにMerriam[34]はこれを新属新種Romerolagus nelsoniとして報告した。現在では、Romerolagus diazi（Ferrari Perez, 1893）Diaz de Leon 1905とされ、Rojas[35]やGranados[10,11]によって支持されている。

　メキシコウサギRomerolagus diaziの動物分類学的上の位置は、ウサギ目Lagomorpha、ウサギ科Leporidae、ムカシウサギ亜科Palaeolaginaeに属する動物である。本種メキシコウサギは1属1種のみからなっている。ムカシウサギ亜科のPalaeolaginae属、Nekrolagus属などはそれぞれ漸新世、鮮新世に繁栄したが、大多数の種は第3紀に絶滅し、現在は遺残種〝生きた化石〟として3属が生息しているにすぎない。このメキシコウサギとわが国の南西諸島の一部、奄美大島と徳之島のみに生息する特別天然記念物アマミノクロウサギ、南アフリカのアカウサギ[6,33]である。

2．形態学的特徴

　メキシコウサギは目が黒色、背部の体毛はやや黄色をおびた灰褐色で腹部は背部よりやや淡い色である（図1）。耳の後側には三角状の黄色の皮毛を有している。耳は長円形で成獣の耳長は4〜5cm、体長約30cm、四肢はナキウサギやアマミノクロウサギと同様に短く、尾椎骨は約2cmであるが外見的に尾は認められない[12,13]。成体重は400〜600gと小型で

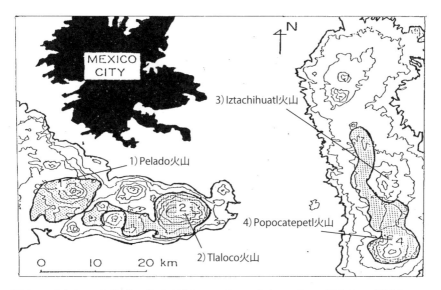

図2 メキシコウサギの生息地域 Hoth et al. (1987) の報告に一部追加

性質は温順である。後眼窩突起、鎖骨、鼻甲介、臼歯などに独特の古い形態を保持している[28]。下顎第一前臼歯の構造もアカウサギやアマミノクロウサギに酷似している。歯式は門2/1、犬歯0/0、前臼歯3/2、臼歯3/3 = 28 を有している。

3. 生息分布

メキシコウサギは、メキシコ盆地を境にして東南に位置するポポカテペトル（Popocatepetl）火山、イスタチファトル（Iztachihuatl）火山、南西に位置するアフスコ（Ajusco）火山の3つの火山帯の海抜2,800〜4,000 mの山麓地帯が主な生息地とされている[35,14,2]（図2）。しかし、筆者らの1983年の捕獲調査では、生息地とされていたトルーカ山の山麓にある牧草地 Nevado de Toluca では生息が確認されず、15〜20年前に絶滅したと考えられる[23,24,18]。また、最近の詳細な調査では、良好な環境とされていたイスタチファトル峰東斜面でも絶滅したと考えられる[16]。分布範囲は孤立した3地域に限定されていて合わせて280km²とされているが、実際

にはそれぞれの地域に農耕地、遊牧地が深く入り込んできていて更に限定されてきていると思われる。このように、メキシコウサギの生息環境の変化は厳しく、これらを絶滅から救うためには何らかの保護政策が行われなければ手遅れになると筆者らは考える。筆者らは、メキシコウサギという希少種を永続的に保存するための1つの方法として人為的繁殖方法を確立しておくことが重要であると考えている[20,21,22]。

4．生息地環境

メキシコウサギは、メキシコの火山地帯地域の高地に生息し（図3）、春から初夏が最も盛んな繁殖期とされている。ちなみに、高度3,100mの山麓の生息地では平均気温が10℃、年平均降水量は1,300mmである。この地域は玄武岩がいたるところに露出し、マツやモミ、カシなどが生えている森で、特にサカトーンと呼ばれる自然牧草が繁茂している[7,28]（図4）。また、栽培されているカラスムギ、トウモロコシ、イモ、ニンジンなどの耕作地周辺にも生息することがある。しかしながら、農業の拡大に伴なって開墾が急速に進められ、生息地が日増しに狭まっている。狩猟は禁止になっているものの他の動物とともに無差別に狩猟が行われていること、野犬の増加、さらに家畜の飼料として新しい牧草を得るためにメキシコウサギの主食とも言えるサカトーン（zakaton、イネ科植物の1種 *Muhlenbergia macroura*）が焼却されるなど、メキシコウサギをめぐる環境条件は極めて厳しい[2,4,5,10,27]。

5．一般的習性

メキシコウサギは早朝および夕刻に活発に活動し、曇りの日は昼間も活動する昼行性の動物である。活動時は牧草地の決まったところを通り道として行動し、外敵から避難するために山腹の起伏のある高い場所、あるいは山の麓でも多数の出入り口のある枝分かれした地下に巣窟を作っている。メキシコウサギは特徴のある鳴声で「ギーギー、ジャジャ」という小鳥の鳴声に似かよった声を出す。食性はサカトーンや野生ダリアの茎や球根を好んで採食している。また、食糞行動も見られる。繁殖期は3月から

図3　メキシコウサギの生息地
　　　繁茂しているサカトーン（イネ科の一種）とポポカテペトル峰（海抜 5,452m）
　　　メキシコウサギは海抜 300mの低地から森林限界の 4,000m付近まで生息する。

図4　松林の森にサカトーンが繁茂している生息地

7月までの間が最も盛んであるが、秋および冬の終わりにも生息地での出産が見られており周年繁殖することが推察されている[14]。なお、雄は1年中繁殖能力を有している[2]。出産は岩の割れ目や倒木の陰、あるいはサカトーンの株の下などを利用し、乾いたサカトーンや松葉を巣材に体毛を抜いて巣造りする[41,3]。

Ⅲ．飼育繁殖の歴史

1．飼育繁殖の試み

1）1968年：J.W.P.T.はメキシコに調査隊を派遣し、野生のメキシコウサギ10匹を英国のジャージー島に持ち帰った。ここで放し飼いによる人工飼育を試みたが、闘争と疾病、特に原虫であるコクシジウム感染により維持繁殖はできなかった[5]。

2）1977年：Van der LooとDePoorter（ブリュッセル大学分子生物学研究所）は、メキシコウサギ15匹を捕獲し、ベルギーのアントワープ動物園に送った。そこで進化生物学的研究と共に繁殖も試みられたが、主にメキシコウサギ同士の闘争のため絶滅した[39]。

3）1977年：JuarezとZulbaran（メキシコ国立自治大学理学部）は、メキシコウサギの成長および繁殖に関する研究のため、ペラド（Pelado）火山の山腹で雌38匹、雄32匹、計70匹を捕獲し、大規模な実験室内におけるケージ内繁殖を試みた。その結果、3匹に出産が見られたが、出生仔8匹中5匹は生後4日以内に、残りの3匹は13〜15日齢で死亡した[19]。

4）1977年、神谷正男（北海道大学獣医学部）らは、寄生虫学的調査のためメキシコウサギを捕獲調査し、寄生虫検査で胆管に寄生する新種の条虫 *Anoplocephaloides romerolagi* を発見した[21]。この時、捕獲したメキシコウサギ5匹を日本に持ち帰ったが、動物検疫所での検疫期間中に闘争や長時間の輸送中の影響によって4匹が死亡した。残る1匹が実中研へ導入され、餌や飼育方法の検討が行われた。

5）1979年8月、神谷教授らは再びメキシコを訪れ、メキシコウサギ捕獲調査を実施した。今回はメキシコウサギ7匹が捕獲され、直ちに日本へ空輸されたが、輸送中に2匹、検疫期間中に1匹が死亡した。実中研には雌1匹、雄3匹が導入され、それらを基に飼育繁殖が開始された。導入してから約1年後の1980年8月に、初めて室内での出産に成功し、以後、室内繁殖は順調に進み世代更新を重ねることができた[31]。

6）1983年、メキシコ・チャプルテペック動物園では12匹を捕獲導入し、放し飼いによる飼育を試みた。導入後1年半で出産が見られ、延べ24腹49匹が生まれたが、多くはコクシジウム症、肺炎などで死亡している。この結果は適切な疾病予防対策が講じられれば放し飼いによる長期的な繁殖が可能であることを示している。

7）1983年6月、神谷教授らに同行した松﨑により3回目の捕獲調査を実施した。この時点で1979年に導入された4匹のうち雌1匹、雄2匹で基礎コロニーを作り、継代繁殖も可能となっていた。しかし、一般にウサギ類では近交退化現象が起こりやすいとされていること、また、雌雄を同居させた場合の交配方法でトラブルが多いなどの問題点も多く、メキシコウサギの生産体制を安定させるためには、新たな野生メキシコウサギの導入が不可欠と考えた。そこで、より広い地域からのメキシコウサギの捕獲を企画し、パレスParresおよびフチテペックJuchitepecの2ヵ所で雌7匹、雄7匹を捕獲し日本へ空輸した。輸送は前2回の経験が生かされ、死亡事故もなく、全個体を無事に導入することができた。これらの個体は、導入後3ヵ月目に出産を開始し、前回で作成したコロニーとの交雑によって室内繁殖コロニーの遺伝的多様性を広げることができた。なお、捕獲に関しては、メキシコ政府森林野生動植物局職員の指導のもとで慎重に行った。

IV. メキシコウサギの寄生虫

1. 外部寄生虫

寄生虫病として肝コクシジウムの重要性がJ.W.P.T.およびチャプルテペック動物園から報告されているが詳細は不明である。また、採集した個体の多くにハエの幼虫 *Cuterebra* sp. が頭部に寄生し（図5）多量の出血を伴ったハエウジ症 cutancous myasis が認められた[23]。今後人為繁殖を進める上で、寄生虫病対策が必要になると考えられる。また、メキシコウサギに特異的に寄生するものとしてノミ類：*Cediopsylla tipolito Hoplopsyllus pectinatus*[1]、マダニ：*Ixodes neotomae*[16,36]、ツメダニ：*Cheyletiella mexicana*、*Cheyletiella Parasitiverax*[2] などがある。*C. mexicana* は Uchikawa & Suzuki[37,38] によって発見された新種であるが、*C. parasitivorax* はウサギ亜科の寄生虫として知られている種でメキシコウサギには他の宿主から移行したものと推察されている。

2. 内部寄生虫

メキシコウサギの内部寄生虫である蠕虫類では、条虫 *Anoplocephaloides romerolagi* と線虫 *Teporingonema cerropeladoensis* は特に興味深い。*A. romerolagi* は1977年に神谷らが発見した新種で、胆管に寄生し、体表面に顕著な小棘を有す特異な種である（図6）。本種はコスタリカの *Sylvilagus brasiliensis* より記録された *A. floresbarroetae* に近似するが、*A. floresbarroetae* の生殖器が一側に位置するのに対して *A. romerolagi* は交互に位置していることより Kamiya ら[21] は新種として報告した。両種は *Anoplocephaloides* 属の中でも独特の形態を有している。今後、より詳細な検討を要するが、本種の起源は旧北区とされている。*Sylvilagus* 属ウサギは北米で分化し南米大陸へと分布するようになったというのが定説であるが、北米の *Sylvilagus* 属ウサギには *Anoplocephaloides* 属条虫は発見されておらず、中米コスタリカの *Sylvilagus* 属ウサギからは報告されている。この説明として、北米で *Sylvilagus* 属ウサギが分化する以前にアジア

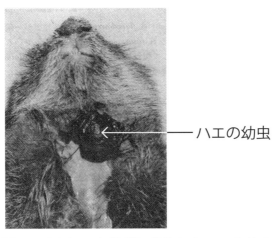

図5　メキシコウサギに寄生したハエの幼虫
　　　Cuterebra sp.

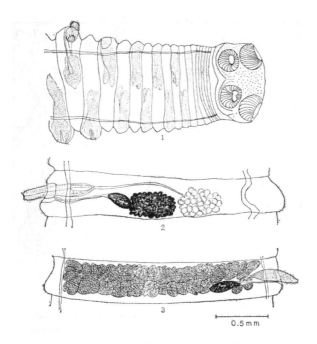

図6　メキシコウサギ胆管寄生の条虫
　　　1：頭部、2：成熟片節、3：老熟片節

図7　メキシコウサギの胃に寄生する線虫
*Teporingonema cerropeladoensis*の頭部

起源のメキシコウサギの先祖型のウサギがベーリング海峡の陸続きとなる時期に渡米し、*Sylvilagus*属ウサギが北米に次に移動し確立する時期にはメキシコウサギは既に北米には生息せず、メキシコから中米に移動後隔離されていて、その後ワタオウサギが南米大陸へと分布する過程で、中米の先住者であるメキシコウサギの保有するアジア起源の本属条虫がワタオウサギの1種 *S.brasiliensis* に寄生後進化適応したものと想像される。

　メキシコウサギの胃に寄生し、特徴的な形態を有する線虫が検出された。口腔がよく発達し、口腔底にむかう52の歯板に相当する構造を有する。口腔底には不規則な小隆起が多数認められる（図7）。現在の分類体系に強いてあてはめれば、毛様線虫科か鉤虫科に属すると考えられる。Harris[15]は本種を毛様線虫科の新属新種 *Teporingonema cerropeladoensis* として報告している。Leiper[26]による記載がおおまかで比較は難しいが〝アフリカの大型げっ歯類の消化管〟から検出された *Trachypharynx nigeriae* と比較し、口腔、口腔底の不規則な小隆起を持つ点で類似していることから、本種を毛様線虫科に含めている。独特の口腔の形態からだけでも新科を構成できるかも知れないが、今後の検討が必要である。

　現在得られているメキシコウサギの寄生虫に関する知見からいえば、アマミノクロウサギとメキシコウサギの寄生虫種はムカシウサギ・グルー

プの類縁性を説明することのできる貴重な種を保有している[8,9]。特にメキシコウサギから発見された条虫 *A.diazi* や線虫 *T. cerropeladoensis* は宿主・寄生体、相互の進化の軌跡を辿る〝失われた環 missing link〟の役割を果たすものかも知れない。宿主の衰退とともに永遠に姿を消そうとする〝滅び行く寄生虫〟ともいえる。

V．室内における飼育と繁殖

1．室内の飼育条件
1）飼育室環境

メキシコウサギは、メキシコの新火山帯地域（イスタチファトル山、ティアロク山、ペラド山）の高地に生息しており、生息地の温度条件は比較的低温であるが、気温が20～30℃に上昇する昼間に活発な行動が見られる。また、湿度においても、気温の上昇とともに湿度が30～40％に減少する時間帯に活動している[7,36]。室内環境条件の設定にあたっては、上記の生息条件やナキウサギの飼育条件[24]を参考にして、室内の温度を22±2℃、湿度は55±5％に設定した。換気回数は1時間当たり10～15回、照明は6～20時までの14時間を明とし、暗時にはナキウサギと同じ理由で2燭光(8lux)の電球を点灯した。

2）飼育ケージ

メキシコウサギの飼育に用いるケージは、洗浄・滅菌などがし易く衛生的管理ができるようにアルミ製金網床ケージとした。メキシコウサギの育成には、図8に示した繁殖用ケージを用い、アルミ製金網床で作ったケージ中央を仕切り板で二分し、間口30cm、奥行50cm、高さ30cmの大きさで、休養中の雌および種雄を個別に飼育した。また、離乳仔もこのケージで育成した。

繁殖用ケージは、交配する時にケージ中央の仕切り板を外し、雌雄が同居できる間口60cm、奥行50cm、高さ30cmの大きさにして使用した（図8）。特に通常の金網床は足蹠の脱毛および痂皮形成が生じ易いため、

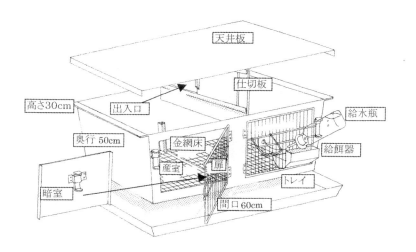

図8 メキシコウサギの繁殖用ケージ

金網の針金の表面を平らにした金網（フラットタイプ）を用いた。また網目が13mm角の大きさになると、メキシコウサギの後肢がはさまる事故がしばしば見られるので、網目9mm角にした。出産・哺育時にはケージ半分が暗室となる構造にした。また、天井板の取り外しを可能にし、ケージ側面に傾斜をつけて底面積を小さくして積み重ねできるようにした。この構造で従来より狭い場所で多くのケージが保管でき、オートクレーブによる滅菌や取り扱い操作も容易になる。床敷に用いる乾燥牧草はそのままでは動物の足に絡み付き怪我をするので、必ず長さ5cmに裁断して用いた。

3）飼料

生息地でのメキシコウサギは、カヤに似たサカトーンと呼ばれるイネ科の自然牧草を主食にしている。また、野生ダリアの茎あるいは球根なども採食している[18]。わが国へ導入したメキシコウサギの飼料の嗜好性を調べたところ、ススキ、タンポポ、クローバー、青刈りエンバク、リンゴ、エンバク、キビなどを好んで食べた。しかし、これらの野草や穀類を中心とした飼料では、季節によって入手が困難であることや寄生虫（コクシジウムなど）の感染、嗜好性の良いものを採食することによって栄養的

な偏りが生まれ、繁殖に影響を及ぼす。従って、室内繁殖には薬剤などが混入していない飼料原料を用い、栄養学的にも十分考慮され、品質が一定で、年間を通して恒常的に給餌できる専用の固形飼料を開発することが重要である。様々な試みの後、著者らが開発したナキウサギ用固形飼料「CIEA-117」[30]は、メキシコウサギの嗜好性に合い、この飼料のみの給餌でメキシコウサギの健康が維持され、繁殖も可能であった。ちなみに成獣1匹当たりの1日の固形飼料の摂餌量は20～25gで、この摂餌量は満足できる量であった。飲水には新鮮な水道水を用い、500ml容プラスチック製給水瓶で自由摂取させた。1日の飲水量は30～40mlである。

VI. 繁殖と成績

1. 交配

メキシコウサギの交配は、以下の方法で順次検討した。導入後3ヵ月を経過したメキシコウサギで、室内飼育に順応したと思われる時から交配を試みた。最初は、一般のカイウサギの交配で行っているような、個別に飼育していた雌を雄のケージに入れる方法を用いた。しかし、いずれの雄に対しても雌は攻撃的で、交尾は成立しなかった。そこで、闘争心や警戒心を和らげるために、雌と雄とが互いに確認できるようにケージを向き合わせて、7～10日間互いに認知させた後に同居を試みた。同居直後に闘争行動が見られなかった雄と一夜同居させたが、翌朝雄の死亡が確認された。剖検の結果、雌との闘争によると思われる出血が背部の皮下全面に認められ、胃内壁の全面には直径1～5mm大の潰瘍が多数認められた。交尾を成立させることはできなかった。

次に上記の闘争による雌・雄の外傷が回復した後に、短時間の同居を繰り返す方法を試みた。すなわち、雌を1日1回雄と同居させ、闘争が認められた時は直ちに分離し、見られない時はそのまま5～10分間放置する方法である。その後同居時間を徐々に延長し、1日1時間以内を限度とする同居を繰り返した。その結果、雌からの一方的な攻撃やそれによる雄の負傷は見られなくなった。この方法を2ヵ月間継続したところ、図9に見ら

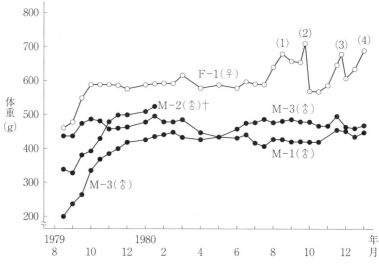

図9　メキシコウサギの妊娠時の体重変化
(1)、(2)、(3) および (4) は妊娠末期時の体重

れるように交配成立後10日目の7月28日頃から雌の体重が急激に増加しはじめ、8月12日に触診で胎仔が確認され、8月16日には2仔(雌1雄1)を出産した。しかし、産仔はいずれも生後3日目で死亡し、死亡仔の胃内容物から授乳した様子は見られなかった。

第1回の出産後の産仔の死亡を確認した直後にその雌を雄(M-1)と一夜同居させたところ雄が雌の攻撃を受けて負傷したので翌朝別居させた。続けて別の雄(M-3)と同居させたところ、同居直後に交尾が確認されたのでそのまま同居を継続した。その結果、同居時に612gであった雌の体重は10日後に14g増加したので雄と別居させた。雄との別居後11日目に雌の陰部から出血が見られ、触診したところ胎仔の存在が確認され、同居後38日目の9月26日に3匹の新生仔が誕生した。

このように出産3日目の雌と雄との継続同居が可能であり妊娠が成立したことから、2回目の分娩20日後から7日間、保育中の雌に雄(M-3)を同居させた。同居後38日目の11月24日に3回目の出産(2仔)が見られた。さらに、3回目の出産後7日目から7日間雄(M-3)と同居させたこと

によって、同居後39日目の1981年1月9日に第4回目の出産(3仔)が観察された。

2．交配適齢期

　メキシコウサギの性成熟日齢は、明らかではない。著者らが捕獲した野生メキシコウサギの捕獲時の体重は、雌雄共に500～600 gであり、室内で生まれた5ヵ月齢の個体で400～500 gとなり、ほぼプラトーに達する。この時期の体重を目安に交配に用いた。初産日齢は、早いもので生後7ヵ月で見られており、このことから交配適齢期は5～6ヵ月齢期にあると思われる。また、メキシコウサギでは、膣スメア像からの規則的な発情周期が見られていないことから、一般のカイウサギと同様、性成熟後は常に発情期の状態にあり、いつでも交配が可能であると推察された。

3．交尾行動

　メキシコウサギの交尾行動を図10に示す。ナキウサギやカイウサギの交尾行動は容易に観察できるが、メキシコウサギでは、雌と雄を同居させた直後に交尾が確認できた。すなわち、雄のケージに雌を入れると、雄はゆっくりと雌の臭いを嗅ぎに近づくが、雌は雄が近づくたびに数歩離れる。この行動は20分の間に10回も繰り返される(図10-1)。この繰り返しの最中に雌は突然向きを変えて威嚇するように雄の頭上を飛び越える。この時、雄はゆっくりと向きを変えて雌に近づくと雌は立ち止まって背を向けやや上体を伸ばして雄を許容する姿勢をとる。雌の背に雄が乗駕すると雌はやや尻を持ち上げ交尾が行われた。

　交尾は数秒間でおわり、雄は後ろにたおれる状態で雌から離れる。しかし、次のような場合は闘争や逃避行動が認められ、時に争いとなり放置すると死亡する個体もあるので注意を要する。特にメキシコウサギの交尾行動のうち、雄が雌に近寄るたびに数歩離れる雌に対し、その雄が後を追う「後追い行動」を断念したとき(図10-2)、また、雄の頭上を雌が飛び越える「飛び越え行動」を示した直後に逃避した雄(図10-3)に対して、いずれの雌も直ちに攻撃に転じ、雄をしばしば負傷死させ交尾は成立し

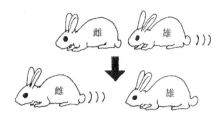

1. 雌の誘発行動に対してゆっくりと後追い行動を繰り返す雄のみが許容されて交尾が成立する。

図10-1　交尾成立行動パターン

2. 雌の威嚇に対して逃避行動を示した雄や後追い行動を断念した雄に対して、雌は攻撃行動に転じる。

図10-2　雄の逃避行動パターン

い。これら雌の行動は生理的に雄を許容する状態にある時のおそらく雄の性的刺激を誘発させる行動とも考えられる。

4．交配方法

　メキシコウサギは一般に雌の方が雄よりも強く、交配に未経験の雌と雄を無作為に同居させると、激しい闘争が起こり交尾の成立は難しい場合が多い。出産、哺育経験のある雌と交尾経験のある雄、あるいは出産経験雌と未交尾の雄またはこの逆の組み合わせによる同居では比較的闘争も少なく交尾が成立する場合が多い。2回以上交尾が確認できたペアについては雌を分離する。ペアによってはそのまま一夜同居を継続し、翌朝雌を分

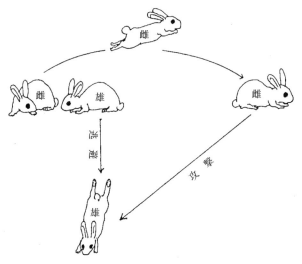

3. 後追い行動中に雄の頭上を雌が跳び越え行動を示した時、逃避した雄は雌からの攻撃を受ける。後追い行動を続ける雄に対しては交尾が許容される。

図 10-3　雌の飛び越え行動パターン

離することも可能である。もし雌雄間に闘争が生じた場合は直ちに分離し、4～7日の間隔を置いて新しく雌雄の組み合わせを替えて再度同居を試みる。同居時はいずれも雄のケージに雌を入れて交配させる。しかし、この方法によっても交尾が成立する個体が必ずしも多くなるとは言い難い。メキシコウサギを容易に増殖させるためには、雌雄同居時の闘争を避ける交配方法の確立が急務である。

5．妊娠診断

妊娠診断はカイウサギと同様に、体重の増加量と触診によって妊娠の有無を迅速かつ正確に判断することができる。交尾確認後10日目で交配時の体重に比べて約15gの増加が見られる。20日目には腹部がやや膨大し、胎仔は大豆大の大きさに発育し、触診で胎仔の存在を確認できる。妊娠している雌は普段の性格より温順になるが、ケージ交換時の取り扱いに

表2　メキシコウサギの妊娠期間

雌No.	交配年月日		出産年月日	妊娠期間（日）		世代
Ⅰ	1981. 6. 23	→	1981. 8. 1	39		p*
〃	〃 8. 6	→	〃 9. 15		40	〃
Ⅱ	1981. 8. 9	→	1981. 9. 17	39		1
〃	〃 9. 24	→	〃 11. 3		40	〃
Ⅲ	1981. 9. 26	→	1981.11. 5		40	1
〃	〃 11. 22	→	1982. 1. 1		40	〃
Ⅳ	1983. 3. 1	→	1983. 4. 10		40	2
〃	〃 6. 21	→	〃 7. 30	39		〃
Ⅴ	1983. 4. 30	→	1983. 6. 9		40	2
Ⅵ	1983. 4. 30	→	1983. 6. 9		40	2
〃	〃 6. 23	→	〃 8. 2		40	〃
〃	〃 8. 24	→	〃 10. 4			41	〃
Ⅶ	1983. 6. 22	→	1983. 7. 31	39		2
Ⅷ	1983. 8. 29	→	1983.10. 9			41	p**
〃	〃 10. 21	→	〃 12. 1			41	〃
Ⅸ	1983. 9. 1	→	1983.10. 11		40	2
Ⅹ	1983. 9. 13	→	1983.10. 23		40	p***
〃	〃 11. 20	→	〃 12. 29	39		〃
Ⅺ	1983. 10. 11	→	1983.11. 19	39		p**
Ⅻ	1983. 11. 26	→	1984. 1. 4	39		3

p*およびp**はParres、p***はJuchitepecで捕獲導入した個体

は十分注意が必要である。妊娠雌は床敷（乾燥牧草）の入った繁殖ケージに個別に収容する。なお、不妊と診断された雌は再度交配を試みる。

6．妊娠期間

メキシコウサギの妊娠期間については、これまでに詳細な報告はない。そこでこれまでの出産例の中から短時間（16時間以内）同居交配させたものを対象に、妊娠期間を算定した。算定に用いた雌は12匹で、1979年に導入した野生メキシコウサギ雌1匹とその子孫の雌8匹、1983年に再度導入した野生の雌3匹である。これら雌親12匹の延べ20回にわたる出産から、表2に示すようにメキシコウサギの妊娠期間は39日が35％、40日が50％、41日が15％で、全体の85％は39～41日の範囲内にあり、平均妊娠期間は39.8±0.7日であった[32]。Durell and Mallinson[5]やJuarez and

表3　メキシコウサギの産仔数分布

産仔数 出産回数	1	2	3	4
50回 （％）	6 (12.0)	21 (42.0)	22 (44.0)	1 (2.0)

Zulbaran[19]の報告例を含めると、メキシコウサギの妊娠期間は38～41日の間にあると推察される。

7．出産

妊娠雌は交配後38～41日で出産するので、出産の約1週間前に新しい繁殖ケージに移し換える。ケージ前扉の半分をアルミ板で覆って暗室にし、その中へ巣材の乾燥牧草を十分に入れる。雌親は出産前日の夜に巣造りを行い、それと同時に雌親自身の腹部の毛を抜き、新生仔をその毛で覆う習性がある。メキシコウサギはカイウサギにおけるように産室内での被毛の飛散は全く見られない。また、新生仔は被毛の上から乾燥牧草で覆い隠して外見から巣の位置が分からないようにされているので、出産の確認には注意を払う必要がある。新生仔を確認するときは、ケージ中央を仕切り板で出入り口を塞ぎ、雌親への刺激を避ける（図8）。

8．産仔数

出産当日または翌日に新生仔の数を確認し、死亡している仔があれば取り除く。メキシコウサギには出産後のカニバリズム（喰殺）が見られる。産仔数を見ると、雌親18匹から延べ50回の出産で得られた1腹当たりの産仔数の幅は1～4匹であり、平均産仔数は2.4±0.7匹であった（表3）。なお、野生メキシコウサギの捕獲調査の例を見ると、1腹当たりの産仔数幅は1～3匹で、平均産仔数は2.0匹および2.07±0.7匹である[2,15]。これらは著者らの成績より若干低いが、メキシコウサギの産仔数は1～4匹の範囲内にあると考えられる。

図11　哺育中の親子

9．哺育

雌親18匹から延べ50回の出産で得られた総産仔数は118匹であり、その新生仔の哺育数（生後21～28日）は93匹で離乳率は78.8％と高率であった(図11)。哺育仔の死因について詳細は不明であるが、1腹1仔の産仔で授乳拒否などの哺育不良が多く、また、2腹5仔では喰殺が見られた。いずれも哺育不良は初産に多く、交配中の闘争などで傷ついた雌親にその後も影響していたと考えられた。離乳時には雌雄を判別できるので、同腹ごとに1ケージに収容し生後6週齢まで育成する。群飼を長く続けると闘争が起こり死亡する個体も出るのでできるだけ早い時期に個別に飼育する。なお、離乳仔の性比については、雌46匹(1.0)に対し、雄47匹(1.02)とほぼ同数で、理論比の1：1に近似する。

10．月別出産回数

野生メキシコウサギの繁殖季節については、Davis[3]は春と夏の初めとし、Granados, et al.[14]らは春と夏の他に秋の繁殖期を指摘しており、さらにCervantes[2]は冬の終わり頃まで続くとしている。室内繁殖では、メキシコウサギは5月を除くすべての月で出産が見られている(表4)。6月に出産している個体は5月に交尾している個体も含まれていることから、室内

表4　室内繁殖メキシコウサギの月別出産回数

年＼月	1	2	3	4	5	6	7	8	9	10	11	12	計
1980	—	—	—	—	—	—	—	1	1	0	1	0	3
1981	1	1	0	2	0	0	0	1	2	0	2	0	9
1982	1	0	0	0	0	1	0	0	1	0	1	5	
1983	0	1	1	0	1	0	3	2	1	0	5	1	3	17
1984	2	0	1	3	0	3	2	1	2	0	1	16	
計	4	2	1	6	0	7	4	5	4	8	4	5	50

表5　メキシコウサギの室内繁殖成績

年	出産回数	産仔数	離乳数	雄数	雌数	哺育仔死亡数
1980	3	7	4	2	2	3
1981	9	23	22	10	12	1
1982	5	13	13	8	5	0
1983	17	40	29	15	14	11
1984	16	35	25	12	13	10
計	50	118	93	47	46	25
		2.4 ± 0.7 [1]	78.8% [2]	$1.02:1$ [3]		21.2% [4]

1）平均産仔数±標準偏差　2）離乳率　3）性比　4）哺育仔死亡率

での周年繁殖はカイウサギと同様に可能と思われた。生息地におけるメキシコウサギの繁殖季節に関しても周年繁殖が考えられるが、生息地では食物であるサカトーンの豊作不作に左右され、豊富な年には周年繁殖していることが十分予想できる。雌親1匹当たりの平均出産回数は2.8回であるが、優秀な雌では4〜6産する個体も見られている。交配が順調にできるようになれば生涯出産回数は多くなるであろう。

11．繁殖成績

1979年に導入されたメキシコウサギ雌1および雄3匹、ならびに1983年に新たに導入した雌雄各7匹を加えて、これらを基礎コロニーとして室内繁殖を試みた。室内繁殖が初めて成功した1980年から1984年までの成績を見ると、雌親18匹から延べ50回の出産で総産仔数118匹が得られた

(表 5)。産仔数の幅は 1 ～ 4 匹であり、平均産仔数は 2.4±0.7 匹であった。哺育状況は極めて良好で、生後 21 日目で離乳させた仔数は 93 匹、その離乳率は 78.8％と高率であった。このように雌親の哺育が安定し出生仔の発育が良好であったことは、栄養学的に十分な固形飼料を摂餌できていたためと考えられる。

VII. 成長

1. 新生仔の発育

出産直後の新生仔の皮膚は赤みをおびた黒色をしており、目は閉じ、門歯が生えている。体表には特徴ある産毛状の長い差し毛が見られるが、この長い差し毛は 3 日齢頃から体毛が生え始めると共に消える。開眼の時期は生後 10 ～ 12 日目である。生後 16 日目には索餌行動が見られ、21 日齢にはナキウサギ用固形飼料を十分採食するようになる。生後 21 日目で離乳が可能になり、その後の発育に支障ない（図 12, 13）。生後 1 日目の雌の体重は 28 ～ 34 g、雄は 32 ～ 37g であるが、離乳時の生後 21 日目の体重は雌で 83 ～ 130 g、雄で 95 ～ 128g と急速な体重増加が見られる。

2. 体重の変動

室内で生まれた第 1 世代のメキシコウサギ雌 8 匹および雄 7 匹の体重変化を見ると、メキシコウサギは生後 4 ヵ月齢までは雌雄とも急速な成長が見られ、以後雌は緩やかに成長するのに対し、雄の増体は生後 5 ヵ月齢まで続く（図 14）。5 ヵ月齢の体重は雌で 455g、雄 555 g である。6 ヵ月齢では雌 497g、雄 577g で雌より雄の方が大きい。1979 年に導入された野生メキシコウサギの例では、導入して以来 1 年余の体重を個体別に見てみると雄では最大体重がそれぞれ 412g、456g、504g であり、雌の体重 600g より大きくなることはなかった。野生では、雌の方が雄より大きいことからも、成長に関する成績は今後例数を増すことによって修正されると思われる。

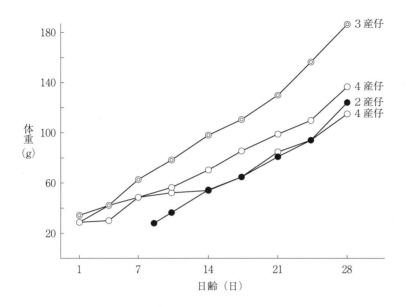

図12　新生仔雌の発育

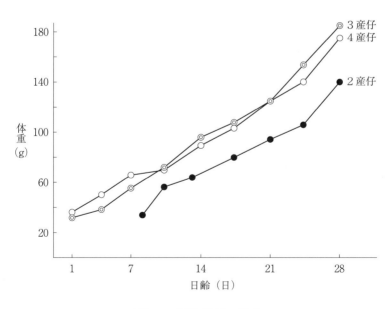

図13　新生仔雄の発育

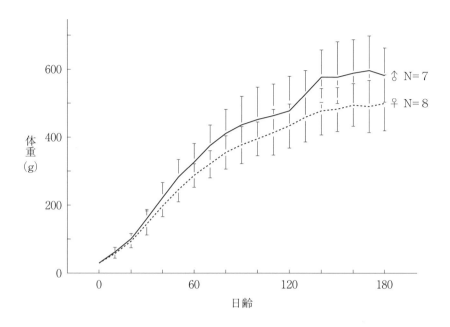

図14 室内で生まれたメキシコウサギの体重曲線

Ⅷ. おわりに

　メキシコウサギはメキシコ固有の動物であり、アマミノクロウサギやアカウサギと共に、現世のウサギ科のうちで最も原始的な形態を残す種である。今回、メキシコウサギが小型で系統発生的にもカイウサギと異なることから新しい実験動物の可能性を考えて、実験動物化を試みたが、メキシコウサギは雌雄同居時に闘争が頻発し、そのため計画的に交配が難しく、計画的量産体制を築くに至らなかった。しかし、メキシコウサギの生息地は、農業の拡大に伴う開墾あるいは家畜の牧草地の転換などにより、日増しに狭まってきており、英国の Durrell & Mallinson[5] や、メキシコのチャプルテペック（Chapultepec）動物園の Hoth & Granados[17] も同様の目的でメキシコウサギの人工繁殖に着手しているが、繁殖方法を確立するまでに至っていない[29,42]。著者らは、1980年にメキシコウサギの室内繁

殖に初めて成功した。その成果が、英国のジャージー野生生物保存財団に届き、財団からの依頼で1987年3月26日に実中研で繁殖された5世代の若い2ペアを日本航空の協力で英国へ搬送した。近い将来、人工繁殖されたメキシコウサギが英国で増やされ、さらにその子孫が数年後には原産地メキシコへ戻され、繁殖コロニーが形成されれば、種の永続的保存の夢が可能になるであろう。

謝辞

本研究に際し、多大のご支援ならびにご助言を賜りました（財）実験動物中央研究所故野村達次所長および故田嶋嘉雄学術顧問、野生メキシコウサギの捕獲、輸入に協力頂いたメキシコ政府農水資源省森林局、I. Ibarrola-B.局長、A. Landazuri-O.前局長、A. Salas-C.博士、J. Arrias-I.博士、メキシコ自治大学の故Matuda, E.教授、B. Villa-R.教授、M. Uribe-A.博士、文部省故中山和彦審議官、動物検疫所千田英一部長、当研究所飼育技術研究室齊藤宗雄室長および所員各位に心から謝意を表します。なお、本研究の基礎調査は昭和53年度、55年度文部省科学研究費補助金（海外学術調査）によるものである。

文献

[1] Barrera, A. (1966). Redefinicion de *Cediopsylla Jordan y Hoplopsyllus* Baker., Nuevas especies., Comentarios sobre el concpto de relicto y un caso de evolucion Convergente., Rev., Soc., Mex., Hist., Nat., 27.67–83.
[2] Cervantes, R. F. A. (1980). Principales Caracteristicas Biologicas del Conejo, del os *Volcanes Romerolagus diazi*, Ferrari Perez 1893 (Mammalia-Lagomorpha) Tesis Biologo, Facultad de Ciencias, UNAM, Mexico, D.F.137.
[3] Davis, W. B. (1944). Notes on Mexcan Mammals., J. Mammal., 25, 370–402.
[4] De Poorter, M. & Van der Loo, W. (1979). Observations on the Palaeolaginae Species *Romerolagus diazi* in captivity., Proc., World Lagomorph Conf., Univ., Guelph, Canada., Abst., 12–16.
[5] Durell, G. & Mallinson, J. (1970). The volcano rabbit *Romerolagus deazi* in the wild and at Jersey Zoo. Int. ZooYb. 10, 18–122.
[6] Ellerman, J. R., Morrison-Scott, T. C. S. & Hayman, R. W. (1953). Southern African Mammals 1758 to 1951., A reclassification., Trustees of British

Museum, London, 212-213.
- [7] Flenley, J.R. (1979). The late Quatenary vegetational history of the equatorial mountains., Progr., Phys., Geog., 3, 488-509.
- [8] Fukumoto, S.-I. (1986). A new stomach worm *Obeliscoides pentalagi* n. sp. (Nematoda ; Trichostrongyloidea) of Ryukyu rabbits, Pentalagus Furnessi (Stone, 1900)., Syst., Parasitol., 8, 267-277.
- [9] Fukumoto, S.-I., Kamiya, M. & Suzuki, H. (1980). Jpn. J. Vet. Res., 28, 129.
- [10] Granados, H. (1979). Some basic information on the Volcano Rabbit (*Romerolagus diazi* Ferrari Perez, 1893). Proc. World Lagomorph. Conf. Univ. Guelph, Canada, 940-948.
- [11] Granados, H. (1980). El conejo de los Volcanes *(Romerolagus diazi)*. Naturaleza, 3, 161-166.
- [12] Granados, H. (1981). Studies on the Biology of the Volcano Rabbit (*Romerolagus diazi* Ferrari Perez, 1893)., IV., Preliminary report on the presence in the skin of some pigmented formations. Fed., Proc., Abst, 40, 558.
- [13] Granados, H. & Medina, J.M. (1982). Studies on the Biology of the Volcano Rabbit., VI., Further observations on the temporal alopecias and pigmented formations in the skin. Fed. Proc., Abst. 41, 1697.
- [14] Granados, H., Zulbaran, R. & Juarez, D. (1980). Estudios sobre la Biologia del Volcanes de los Conejio., II., Periodos de reproduccion de los animales silvestres en su habitat natural. XX III Cong., Nel., Cien., Fisiol., Queretaro, Qro., Resumenes, 88-96.
- [15] Harris, E.A. (1985). Some helminthes of the volcano rabbit *Romerolagus diazi* including a description of the nematode *Teporingonema cerropeladoensis* gen., nov., sp., nov., *(Trichostrongylidae: Libyostrongylinae)*. J. Nat., Hist., 19, 1239-1248.
- [16] Hoffmann, A. (1962). Monografia de los Ixodoidea de Mexico. I parte. Rev. Mex. Hist., 23, 191-307.
- [17] Hoth, J. & Granados, H. (1987). A preliminary report on the breeding of the Volcano Rabbit at the Chapultepec Zoo, Mexico City Int. Zoo Yb., 26, 261-265.
- [18] Hoth, J., Velazquez, A., Romero, F.J., Leon, L., Aranda, M. & Bell, D.J. (1987). The Volcano Rabbit., A shrinking distribution and a threatened habitat., Oryx. 21, 85-91.
- [19] Juarez, D. & Zulbaran, R. (1983). Estudio sobre el Crecimientoy la Reproduccio del Conejo de los Volcanes *(Romerolagus diazi)* Silvestre en el Laboratorio., UNAM, Facultad de Ciencias, Mexico, 1-88.
- [20] 神谷正男 (1978). 中央アメリカの高原に寄生虫を求めて―メキシコウサギ *(Romerolagus diazi)* の調査フィールド・ノートより―、モダンメデア、24,

250-260.
- [21] Kamiya,M.,Suzuki,H.,and Hayashi,K.(1979).Helminth parasites of *Romerolagus diazi* and *Pentalgus furnessi*.,Jpn.,J.Parasitol.,28 (Suppl.),73
- [22] 神谷正男、松﨑哲也(1987).メキシコウサギ繁殖と原産地への再移入計画. Laboratory Animals.23,44-47.
- [23] 神谷正男、松﨑哲也、鈴木 博(1988a).世界の天然記念物メキシコウサギの人為繁殖と絶滅地域への再移入計画(1)、Study of Animal Sciense.42,17-21.
- [24] 神谷正男、松﨑哲也、鈴木 博(1988b).世界の天然記念物メキシコウサギの人為繁殖と絶滅地域への再移入計画(2)、Study of Animal Sciense.42,31-34.
- [25] Kuramoto,K. Nishida,T. and Mochizuki,K.(1985). Morphological Study on the Nasal Turbinates (Conchae) of the Pika *(Ochotona rufescens rufescens)* and Volcano Rabbit *(Romerolagus diazi)*.,Zbi.,Vet.,C.,Anat.,Histol.,Embryol.,14,332-341.
- [26] Leiper,R.T.(1911). Proc.,Zool.,Soc.,London.,81:549.
- [27] Leopold,A.S.(1977).Fauna Silvestre de Mexico.,2a.,Edicion,Instituto Mexicano de Recuysos Naturales Renovables,Mexico,D.F.608.
- [28] Lopez-Forment,W. & Cervantes,F.(1981). Preliminary observations of the ecology of *Romerolagus diazi* in Mexico.,Proc.,World Lagomorph Conf., Univ.,Gueiph.,Canada,949-955.
- [29] Macdonald,D.(1984).The Encyclopaedia of Mammals 2,George Allen & Unwin,London,719-729.
- [30] 松﨑哲也、齊藤宗雄、山中聖敬、江崎孝三郎、野村達次(1980).実験動物としてのナキウサギ *(Ochotona rufescens rufescens)* の室内飼育繁殖、Exp. Anim.29,165-170.
- [31] 松﨑哲也、齊藤宗雄、神谷正男(1982).野生メキシコウサギ *(Romerolagus diazi)* の室内における繁殖の試み、Exp.Anim.31,185-188.
- [32] Matsuzaki,T. Kamiya,M. and Suzuki,H.(1982).Gestation Period of the Laboratory Reared Volcano Rabbit *(Romerolagus diazi)*.Exp.Anim.,34,63-66.
- [33] Meester,J. & Setzer, H.W. (1971).The mammals of Africa, an identification Manual.,Pt.5.,Smithsonian Institute Press.,Washington.1-7.
- [34] Merriam,C.H.(1896).*Romerolagus nelson* a new genus and species of rabbit from Mt.Popocatepetl,Mexico.,Proc.,Biol.,Sec.,Wash.,10,173-177.
- [35] Rojas Mendoza,P.(1951).Estudio Biologico del Conejo de los Volcanes *(Genero Romerolagus)* (MAMMALIA LAGOMORPHA).Tesis Profesional, Facultad de Ciencias,UNAM.,Mexico.,71-76.
- [36] Sanchez,M.A.(1971).Sintesis Geografica de Mexico Trillas.,Mexico.46-47.
- [37] 鈴木 博(1979).ムカシウサギを追って、JPN Sci.Month.,32,66-71.

[38] Uchikawa,K. & Suzuki,H.(1979). *Cheyletiella mexicana* sp nov.,(Acarina. Leporidae).Parasitic on *Romerolagus diazi* (Mammalia.,Cheyletiellidae) Trop.,Med.,21,21-27.

[39] Van der Loo,W.&Van der Bergh,W.(1978).Breeding at tempt of the Endangered leporid species *Romerolagus diazi* in the Zoo of Antwerp. Internat.Zoo.Yb.,212-213.

[40] Vaughan,T.(1978). Mamalogy., W.B.,Saunders Company,Philadelphia.,Ed.9, 159-164.

[41] Villa,R.B.(1952). Mamiferos Silvestres del valle de Mexico.,Ann.,Inst.,Biol., UNAM, 23, 269-492.

[42] Weisbroth,S.H.,Flatt,R.E.&Kraus,A.L.(1974).The Biology of the Laboratory Rabbit.,Academic Press Inc.,New York, SanFrancisco & London, 1-70.

2. アマミノクロウサギ(Amami rabbit)

アマミノクロウサギ
Pentalagus furnessi

I. アマミノクロウサギの導入と開発の経緯

わが国固有の特別天然記念物であるアマミノクロウサギ *Pentalagus furnessi* は、日本列島の南端、西南諸島に属する奄美大島と徳之島にのみ生息している。アマミノクロウサギは1921年に日本の動物として第1号の天然記念物の指定を受け、1963年には、特別天然記念物に指定された。また、国際自然保護連合（I.U.C.N.）のレッド・データ・ブックに記載されている国際的な保護指定動物である[33]。しかし、現状では捕獲禁止以外にハブ退治のために輸入したマングースの駆除などの保護対策が取られているにすぎず、科学的な調査報告は極めて少ない。特に繁殖生理や平均寿命などの基礎的資料は皆無に等しい。将来、森林伐採によるアマミノクロウサギの生息域の縮小や、アマミノクロウサギに限らず、マングースや捨てられ野生化した犬や猫による在来種の捕食が懸念される。このような島内の自然生態系に悪影響を及ぼす変化が起こった場合に備え、保護対策を講じておく必要がある[13,14]。

著者らは前章で述べたように、野生メキシコウサギの室内繁殖に世界で初めて成功した[26,27]。この研究成果を基にアマミノクロウサギの室内での飼育繁殖を試み、現在までほとんど解明されていないアマミノクロウサギの生理・生態の実態を明らかにし保護対策に寄与したいと考えた。

II. 生物学的概要

1. 動物分類学的位置

アマミノクロウサギは1900年に奄美大島を訪れたアメリカ人旅行者Furnessらにより捕獲された。そのFurnessらから「日本に珍しいウサギがいる」ことを伝え聞いたStoneは、このウサギを *Caprolagus furnessi* と命名して報告した[11,12]。その後の解剖学的研究によって、アマミノクロウサギの上顎臼歯が通常5本あることからムカシウサギ亜科 *Palaeolaginae* に属することが判明し、新属 *Pentalagus* として世界的に注目を集めるに

いたった。アマミノクロウサギは、メキシコウサギと同じムカシウサギ亜科に属し、ウサギ科のうちで最も原始的な形態を残している種とされている。アマミノクロウサギは1属1種である[33]。

2．形態的特徴

アマミノクロウサギの体長は約40cm。目は黒色、体毛は焦茶色または黒茶色で、眼と耳は小さい。足が短く、爪は長く強大である。上顎臼歯は5対（ノウサギやカイウサギは6対）で、学名 *Pentalagus* は「5本のウサギの意」の特徴に由来する。歯式は門歯2/1、犬歯0/0、前臼歯3/2および臼歯2/2 = 24 である[8]。

3．生息分布

アマミノクロウサギは奄美大島と徳之島にのみ生息している。奄美大島における生息地は、湯湾岳周辺一帯および油井岳周辺、住用村（現在は奄美市）、宇検村および大和村の大部分の林野に広く分布し、東海岸の嘉徳と住用村青久との中間に位置するなだらかな山陵のススキ草原にも分布している。徳之島は井之川岳を中心とする山岳地帯に生息している[38]。

4．生息地環境

アマミノクロウサギが生息する奄美大島は、土地総面積の84％が森林に覆われており、そのうちの30％が原生林である（図15、16）。奄美大島の気候は、亜熱帯性気候で一年を通して温暖な気候で日差しは強く、夏場は温度も高く、照葉広葉樹林に覆われた森林の中は蒸し暑い。奄美大島には期間は短いが冬の季節もあり、最低気温が10℃以下になることもある。雨量は南西諸島の島々の中では一番多く、降水量は年間3,000mmの雨が降る。こうした環境の中でアマミノクロウサギは、カシやシイなどの茂った原生林に生息しているとされているが、むしろ、ススキ草原のような草木が密生している場所や森林伐採跡地に下草が繁茂している低灌木帯に無数のウサギ道がみられる[34]。徳之島では生息地の開発が進み個体数は減少傾向にあり、また奄美大島でも森林資源開発によって生息数が減少しつ

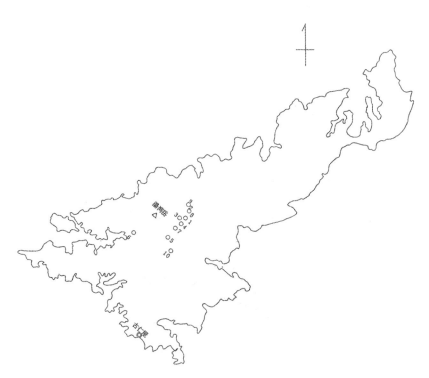

図15 アマミノクロウサギが生息する奄美大島
　　　アマミノクロウサギ捕獲地点（鹿児島県大島郡宇検村にて）

図16 照葉広葉樹林が繁茂している原生林

つある[38]。

5．一般的習性

　アマミノクロウサギは夜行性で、夕刻18時頃から翌朝6時頃までの時間帯に活動している。数匹の集団でいることもあるが、あまり群れを作らずに行動している。食性はススキ、ノゲシ、オオタニワタリなどの草、木の芽、樹皮、シイの実などを採食している。爪が発達して丈夫であり、巣穴を掘ったり急斜面の昇り降りに適している。岩石の空洞や樹の洞や巣穴に住む。通常の巣穴とは別に、出産用の巣穴を掘り土中の柔らかい所を選んで深さ1〜2m、直径10〜20cmの横穴を掘る。奥はやや広くして産室とし、枯葉などを集め自分の毛を抜いて敷く。仔は通常1仔とされている。雌親は夜間巣穴に入り授乳し、授乳後は仔を置いて出入り口を土で塞ぎ外敵から仔を守る。出産期は4〜5月と10〜12月の年2回とされる。通常の生活では「ピー・ピー」という甲高い鳴き声で仲間へのコールサインを送る[38,29]。

III．飼育繁殖の歴史

1．飼育繁殖の試み

1）アマミノクロウサギの人為的飼育・繁殖の試みは、1962年すでに鹿児島県大島郡大和村大和小・中学校において生息地の自然環境に近似した条件を造り、放し飼いによる飼育が行われている。その後、1967年および1969年にそれぞれ1腹1仔の出産を確認している[19]。しかし、その仔の成長に関する記録は定かでない。

2）1980年、鹿児島市の平川動物園は雌雄各5匹を導入し、大和小・中学校と同様の飼育方法で、飼育・繁殖が試みられている。ここでは、導入約1年後の1981年6〜7月にかけて豆状条虫 *Taenia pisiformis* による嚢虫症で3匹が死亡し、1983年4月には巣穴で1匹、闘争による4匹の死亡が確認されている[31]。

IV. アマミノクロウサギの捕獲調査

1. 捕獲手続きと捕獲場所

　アマミノクロウサギの生息地の自然生態系に変化が起こった場合を考え、保護対策を講じておく必要がある。この観点から筆者らは、文化庁ならびに環境庁にアマミノクロウサギの文化財保護法の現状変更(学術調査)と鳥獣捕獲許可を得てから捕獲調査を実施した。

　捕獲調査は1984年4月および6月にかけて2回実施した(図17)。アマミノクロウサギの情報に精通した宇検村と名瀬市の住民の協力を得て、アマミノクロウサギが最近活動していると思われる場所のウサギ道(図18)、ススキの食み跡(図19)、糞塊の新鮮度(図20)などの調査を行った。捕獲場所として、奄美大島西部の宇検村赤土山周辺、宇検村役場裏の山林に罠を設置した。罠は毎日早朝に見廻り、夜間はジープで主に奄美大島の中央林道地帯を通るスーパー林道とその支線を走行し、夜間に活動するアマミノクロウサギを手捕りにすることとした(図21)。また、協力者の南竹一郎氏は、別行動で住用村、大和村の林道をパトロールして手捕り作業を行った(表6)。

2. 捕獲動物の個体測定

　捕獲されたアマミノクロウサギは直ちに瀬戸内町古仁屋の東京大学医科学研究所奄美病害動物研究施設に運び込んだ。外部形態を計測し用意した金網床のあるアルミ製ケージ(大きさは間口35cm、奥行50cm、高さ42cm)に移し、施設内の動物飼育室で飼育観察した。この間に与えた飼料は、ニガナやススキ等の野草およびウサギ用固形飼料、水は給水瓶で与え、毎日健康状態を注意深く観察し、捕獲作業を継続した。その結果、許可された捕獲数(雄5、雌5個体)に達したので捕獲作業を終了した。実中研(川崎市)への輸送は、捕獲後動物飼育室で飼育観察を続けた後、落ち着いたと判断された個体を輸送用ケージに個別に入れ空輸した。

図17　原生林内に入りアマミノクロウサギを探索中

図18　シダと雑草との境に見られるアマミノクロウサギの通り道

図19　ススキの食み跡からアマミノクロウサギを探索

図20 林道上に排泄されていた新鮮なアマミノクロウサギの糞便

図21 生け捕りにしたアマミノクロウサギ

V. アマミノクロウサギの寄生虫

アマミノクロウサギの寄生虫について報告は少なく、今回の捕獲作業調査によって極めて興味ある寄生虫が認められた。そのため、この項でより詳細に記述することにした。

1. 外部寄生虫

1）恙虫 Trombiculid mites

捕獲されたアマミノクロウサギを飼育室に搬入後ケージ下の受け皿に

表6　アマミノクロウサギ捕獲時の記録（1984年）

	捕獲No	捕獲月日	捕獲場所	方法	体重 kg	頭胴長 cm	尾長 cm	前肢長 cm	後肢長 cm	耳長 cm
雌	2	4月10日	スーパー林道	手捕	1.5	40	2.0	3.0	8.0	3.0
	5	4月14日	赤土山	ワナ	2.0	43	2.0	3.5	8.0	3.5
	6	4月15日	宇検役場裏	ワナ	2.5	45	2.0	3.5	8.0	4.5
	7	4月17日	スーパー林道	手捕	2.0	45	2.0	3.5	8.0	4.5
	10	6月4日	奥地線	手捕	1.5	39	1.5	3.0	7.0	3.0
雄	1	4月10日	スーパー林道	手捕	2.0	46	2.0	4.0	8.5	4.0
	3	4月10日	スーパー林道	手捕	2.0	45	2.0	3.5	8.5	4.0
	4	4月14日	赤土山	ワナ	2.2	48	2.0	3.5	8.0	4.5
	8	4月17日	スーパー林道	手捕	1.6	40	2.0	3.0	7.5	3.0
	9	4月17日	スーパー林道	手捕	1.4	37	1.5	3.0	7.0	3.0

表7　アマミノクロウサギより得た恙虫（1984年4月）

恙虫 \ 個体番号	No.1 ♂	No.2 ♀	No.3 ♂	No.4 ♂	No.5 ♀	No.6 ♀	No.7 ♀
Leptotrombidium kawamurai	5	3	0	1	0	0	0
L. kuroshio	0	4	0	0	0	0	0
L. pallidum burnsi	0	0	0	0	0	0	15
L. scutellare	113	114	1	0	0	0	0
Miyatrombicula okadai	0	1	0	0	0	0	0
Gahrliepia saduski	1	0	0	1	0	9	0
Walchia pentalagi	8	42	0	6	4	0	1

数字：回収虫体数

水を張り、組織液を摂取し満腹落下する恙虫を回収して種を同定した。捕獲されたアマミノクロウサギ10個体のうち雄3、雌4個体について調査した。その結果、表7に示すような4属7種329個体の恙虫を得た。このうち、タテツツガムシ *L. scutellare* が全体の69％を占めていた。これは、採集時期が本種恙虫の発生の適期であったこと、アマミノクロウサギの捕獲場所が草原灌木地帯に多く、タテツツガムシの好適な生息環境であったことが考えられる。本種は恙虫病の媒介種として知られているもので、アマミノクロウサギが宿主として適していることは、恙虫病の観点からも重要と思われる。これまでアマミノクロウサギに寄生した恙虫については、8属13種が報告[35,36,37]されている（表8）。そのようなアマミノクロ

表8　アマミノクロウサギより検出された恙虫の種類

Leptotrombidium kawamurai	(Fukuzumi et Obata, 1953)
L. kuroshio	(Sasa, et al., 1952)
L. pallidum burnsi	(Sasa, Teramura et Kano, 1950)
L. scutellare	(Nagayo et al., 1921)
Eltonella ichikawai	(Sasa, 1952)
Miyatrombicula okadai	(Suzuki, 1976)
Ascoschoengastia ctenacarus	(Domrow, 1962)
A. noborui	(Suzuki, 1976)
A. sp.	
Cordiseta nakayamai	(Suzuki, 1976)
Walchia pentalagi	(Suzuki, 1975)
Gahrliepia saduski	(Womersley, 1952)
Acomatacarus yosanoi	(Fukuzumi et Obata, 1942)

表9　アマミノクロウサギより検出されたマダニの種類

Amblyomma testudinarium	(C. L. Kock, 1844)
Dermacenter taiwanensis	(Sugimoto, 1935)
Haemaphysalis formosensis	(Neumann, 1913)
H. hystricis	(Supino, 1897)
H. pentalagi	(Pospelava-Shtrom, 1935)

ウサギにのみ寄生すると言われているナカヤマタマツツガムシ *Cordiseta nakayamai*、アマミノクロウサギワルヒツツガムシ *Walchia pentalagi* の2種[35]は、生物学的に興味あることといえる。

　これらの恙虫がアマミノクロウサギに与える影響については不明であるが、恙虫幼虫が宿主の組織液を摂取した後満腹落下して宿主を離れると、その後、室内繁殖することはないと思われるので、室内飼育ウサギ個体群に影響を与えるとは思われない。

2）マダニ Ticks
　マダニに関する報告[40,16,17,18]によると、表9のような3属5種が知られている。このうち、アマミノクロウサギチマダニ *Haemaphysalis pentalagi* はアマミノクロウサギにのみ寄生するとされている。マダニ類にとっても

表10 アマミノクロウサギの寄生虫蠕虫類

寄生虫	寄生部位	寄生率
線虫		
Obeliscoides pentalagi sp.	胃	3/3
Heligmonella leporis	小腸	3/3
Trichuris sp.	盲腸	1/3
条虫		
Anoplocepalidae gen., sp.	小腸	3/3
吸虫		
Ogmocotyle sp.	小腸	1/3

アマミノクロウサギはイノシシと共に好適な宿主と思われるが、これらダニ類がアマミノクロウサギに与える影響についても不明である。しかし、恙虫と同様に、野外採集されたアマミノクロウサギに寄生しているマダニ類は飽血して落下するため、室内飼育中に繁殖することはない。

　3）その他の外部寄生虫

　Ono, Z.[30]はアマミノクロウサギからヒトノミ *Pulex irritans* 雄2、雌2個体の寄生を報告しているが、このウサギは人家内で数日飼育された後に調査されたもので、恐らく人家内のヒトノミが偶然寄生した可能性が強い。今回採集されたアマミノクロウサギから少数のズツキダニ類 *Leporacarus* sp. が採集されているが種名は与えられていない。以上のように、アマミノクロウサギに寄生する外部寄生虫は、かなり多いことがわかる。しかし、室内飼育中にほとんどそれらの寄生虫は宿主から離れ、次世代に継代できないと思われるので、飼育個体群に重大な影響を与えることはないであろう。

2．内部寄生虫

　アマミノクロウサギの内部寄生虫については神谷ら[10]が報告している（表10）。これらの蠕虫のうち新種について、検討の結果と考察を以下に概略する。

1）原虫

　糞便検査により高率かつ多数の *Eimeria* 属のオーシストが検出されている。これら原虫はまだ未分類であるが、ウサギ類に寄生するコクシジウムはしばしば消化器障害を起こし宿主を衰弱させる。また感染力も強いため、実験室内での飼育に際しては十分な駆虫やオーシストの処理が必要である。

2）線虫 *Obeliscoides pentalagi* sp.

（1）*Obeliscoides pentalagi*（図22、23）は胃に寄生する。体長雄12～15mm、雌18～24mmの赤褐色を呈する線虫である。本種はアマミノクロウサギからのみ報告されている新種である。胃の粘膜表面に頭部を侵入させ、吸血を行っているものと考えられる。そのため、粘膜表面に小潰瘍や点状出血が認められる。ほぼ全頭のアマミノクロウサギに認められ、その寄生数も100匹近くに達することもあり、また糞便検査でEPG（糞便中の寄生虫卵の単位で、1g中の糞便中の寄生虫卵数に100を乗じたもの）にして1,000以上の虫卵が検出されることも経験され、本種の寄生が宿主アマミノクロウサギに及ぼす影響も大きいものと考えられる。*Obeliscoides* 属はウサギ類に特異的な線虫と考えられており、アジアと新大陸のウサギ類やげっ歯類からも報告されている。本属には現在までに、3種類が報告されている。1923年に北米のカイウサギ *Oryctolagus cuniculus* から *Obeliscoides cuniculi* が Graybill, H. W.[6,28] によって報告されている。続いて1931年にサハリンのユキウサギ *Lepus timidus* から *O. leporis* が報告[7]されている。同じ *O. leporis* を日本のキュウシュウノウサギ *L. brachyurus brachyurus* から Yamaguti[39] が報告している。なお、本種は北海道のエゾユキウサギ *L. timidus ainu*[更科と大林、未発表]、青森県のトウホクノウサギ *Lepus brachyurus angustidens*、福岡県のキュウシュウノウサギ *L.b.brachyurus*[5,福本ら、未発表] からも認められている。Liu & Wu[22] は中国の *Capurolagus sinensis* から *Obeliscoides travassosi* を報告している。*Obeliscoides* 属を含む毛様線虫上科の進化については、Durette-Desset & Chabaud[3,4] が亜科 *Libyostrongylinae* はユーラシアが起源であり、ベー

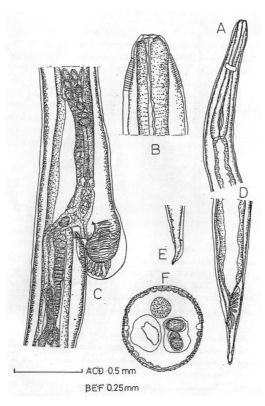

図 22　*Obeliscoides pentalagi* sp.
雄—A：交接嚢（腹側）、B：同背側、C：生殖円錐
（腹側）、D：同背側、E：背肋、F：同断面

リング地峡（橋）を経て北米へ拡大したと仮説を述べている。アマミノクロウサギの *Obeliscoides* 属の存在は、アマミノクロウサギが100万年前に大陸や日本の他の部分から隔離され、以後ウサギ類の侵入がなかったことから *Obeliscoides pentalagi* も古い形態を保有していると考えられる。また、*O. pentalagi* と北海道のエゾユキウサギ *L. timidus ainu*、福岡県のキュウシュウノウサギ *L. brachyurus brachyurus* から検出された *O. leporis* の標本とを比較検討したところ、体長、雄の背肋は異なるが、cuticular ridges（角皮に認められる隆起）の分布や数は類似していた。cuticular ridges は北米で分化したとされる。*O. c. cuniculi* は非常に少数であるが、

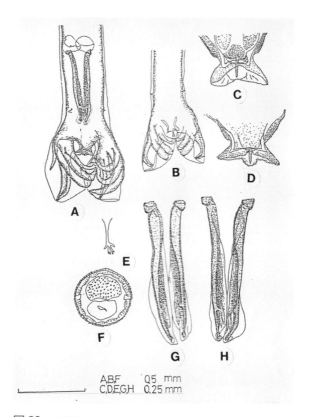

図23　*Obeliscoides pentalagi* sp.
雌―A・交接嚢（腹側）、B・同背側、C・生殖円錐（腹側）、D・同背側、E・背肋、F・同断面、G・交接刺（腹側）、H・同背側

O. c. multistriatus、*O. leporis* や *O. pentalagi* は多数であり *Obeliscoides* 属の祖先型は cuticular riges の数は多いものと推測される。毛様線虫上科の線虫は中間宿主を必要とせずに第3期の感染幼虫が直接宿主（ウサギ）に感染するため、実験室での飼育には再感染を防ぐため駆虫や虫卵を含む糞便の処理が必要である。

(2) *Heligmonella leporis*（Schulz,[32], Durette-Desset,[2]）（図24）
　本線虫は赤褐色を呈し、体を捲曲させて小腸粘膜表面に寄生する。体

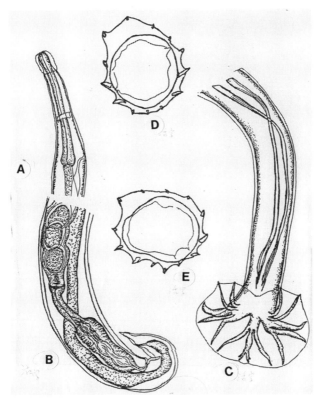

図24 *Heligmonella leporis,*(Schulz,1931),(Durette-Desset,1971).
A：雄頭部、B：雌尾部、C：雄尾部、D：雄断面、E：雌断面

長は、雄 5〜7mm、雌 6〜9mm。顕著な頭胞を有し cuticular ridges は少数だが発達している[23]。本種は Schulz[32] によってサハリンのユキウサギ *Lepus timidus* から、Yamaguti[39] も本州のキュウシュウノウサギ *L. b. brachyurus* から報告している。今までに北海道のエゾユキウサギ *L. t. ainu* [更科と大林、未発表]、青森県のトウホクノウサギ *L. b. angustidens*、福岡県のキュウシュウノウサギ *L. b. brachyurus* [福本ら、未発表] からも検出されている。これらの標本について cuticular ridges 数を調べたところ、いずれも体中央部は 13 本あり Yamaguti[39] の記載とも一致しており、安定した

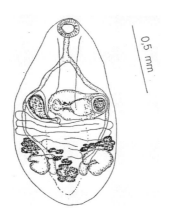

図 25　*Ogmocotyle* sp.

形質であると考えられた。今回、日本各地で採集された本種の cuticular ridges 数が等しいことは特筆されなければならない。

本種は *Heligmonellidae* 科の系統分類学上重要な位置を占め、特にアマミノクロウサギから検出されたことは興味深い。またカイウサギへの本種の感染を試みており、発育史が解明されれば系統分類学的にも寄与するところが大きいであろうし、前述の *O. pentalagi* 同様に寄生虫の実験モデルとしても期待できる。本種も中間宿主は不要で感染幼虫が直接宿主に感染することが予想される。従って再感染や他の個体への感染を防ぐために糞便の処理には注意を払う必要がある。

(3) *Trichuris* sp.

1 個体の盲腸から検出された。鞭虫類の分類は区別すべき特徴が少ないため属までの同定で置かれている。

3) 吸虫 *Ogmocotyle* sp.

本吸虫（図 25）は、体長約 1mm の白色の洋梨状を呈し小腸に寄生する（表 11）。本属は腹吸盤を欠き、*Notocotylida* 科に属する。*Ogmocotyle* 属には現在までに 7 種が報告されている。本属はアジアを中心とした反すう獣を主な宿主とするが、レッサーパンダやサル、ネズミに寄生する種も報告

表11 アマミノクロウサギより検出された吸虫 Ogmocotyle sp. の計測値

検査虫体数　11	平均±SD	(最少－最大)
体長（mm）	1.2 ± 0.1	(1.1 - 1.4)
体幅	72.4 ± 49	(64.1 - 801)
口吸盤	108 ± 12 × 131 ± 12	(89 - 134×116 ± 160)
食道長	148 ± 27	(107 - 178)
陰茎嚢	561 ± 51 × 227 ± 17	(490 - 640 × 196 - 258)
精巣　（左）	226 ± 36 × 159 ± 25	(178 - 267 × 125 - 196)
（右）	212 ± 36 × 149 ± 20	(142 - 267 × 107 - 178)
卵巣	162 ± 37 × 99 ± 19	(89 - 223 × 71 - 134)

されている。しかしながら今回のようにウサギ類からの例はまだない。我が国では O. sikae[39] がホンシュウジカ Cervus nippon centralis と北海道のエゾシカ C. n. yesoensis から Yamaguti らが[39,41]、1970年に本州のニホンカモシカ Capricornis crispus から報告されている[24]。また、アカネズミなど Apodemus 属のげっ歯類からも報告されており、広範な宿主域を有することが明らかになりつつある。アマミノクロウサギのような起源の古い宿主にも本属の吸虫が認められることは興味深い。本属の吸虫は中間宿主を必要とするため実験室内では発育環を完成できず再感染や他の動物への感染の恐れはない。

4）条虫 Anoplocephalidae gen. sp.

本条虫は小腸に寄生する。我が国のウサギ類に寄生する裸頭条虫科には Mosgovoyia pectinata が、トウホクノウサギ Lepus brachyurus angustidens から、Shizorchis yamashitai が、北海道のエゾナキウサギ Ochotona hyperborean yesoensis から報告されている。属、種については検討中である。この条虫には中間宿主が必要なため飼育下での感染の恐れはないと思われる。

VI. 飼育室内の環境と器材

1. 飼育室の環境

　アマミノクロウサギの生息環境は高温多湿であるが、巣穴の温度は意外と低く一定である。昼間は巣穴にいてあまり活動していない。そこでアマミノクロウサギを室温22±2℃、湿度55±5％の飼育室で飼育したところ、捕獲導入時では密生していたフェルト状の毛質が滑らかになっていたことから、寒さよりむしろ暑さに弱いのではないかと思われた。従って、飼育室の環境条件はメキシコウサギでの飼育経験を参考にして、室内の温度を22±2℃、湿度は55±5％に設定した。換気回数は1時間当たり10〜15回、照明は6〜20時までの14時間を明とし、夜間には暗黒になるのを避けて2燭光(8lux)の電球を点灯した。

2．飼育・繁殖ケージ

　飼育ケージは、市販のカイウサギ用繁殖ケージ(間口75cm×奥行50cm×高さ35cm)を改良して、個別飼育した(図26、28)。このケージはアルミ製金網床ケージで、前面に2枚の扉が取り付けられ、他の面はすべてアルミ板で覆われている。床は糞尿の落下を容易にし、食糞による寄生虫の再感染防止のため金網床にした。ケージの中央部を穴のあいた仕切り板で二分し、動物が行き来できるようにした。扉の片方の前面をアルミ板で覆うことで、ケージの半分を暗くし、動物の「隠れ場」になるようにした。他の半分は「給餌場」として、給餌器や給水瓶を設置した。

　繁殖ケージは、新たに作製した。このケージは、アルミ製金網床ケージで、間口35cm×奥行50cm×高さ50cmの大きさのケージを並列に6個並べて間口の全長が210cmとなるような細長いケージにして繁殖に用いた(図27)。飼育目的や管理作業がしやすいようにケージの両側面の板を取り外し可能にし、必要に応じてケージの大きさを自由に変更できるようにした。雌雄1：1で同居交配させる場合、左右両端のケージにそれぞれ床敷を入れ、扉をアルミ板で覆って雌雄それぞれの「隠れ場」とし、ケー

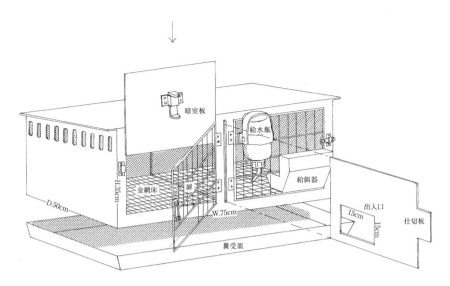

図26 アマミノクロウサギの育成用アルミ製ケージ
　　 ケージ半分を暗くして「隠れ場」とする。

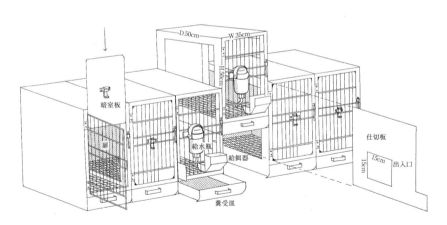

図27 アマミノクロウサギの繁殖用6連式アルミ製ケージ
　　 ケージ側面の仕切板を取外し可能にしてケージの大きさを自由に変えられる。

第2章　野生動物の寄生虫と室内繁殖　111

ジ中央部分には両者が共有する「給餌場」を設けた。ケージとケージの間はアマミノクロウサギが行き来できる程度の穴のあいた仕切り板で区分した。

3．飼料

アマミノクロウサギの食性は草食性で、野生では、ススキ、ニガナ、オオタニワタリなどを好んで採食している。導入当初は主にススキ、タンポポなどの青草を与え、他には既存のウサギ用固形飼料や野菜、果物、穀類、小鳥用の餌などを与えた。これらのうち、全個体が採食したものは、ススキ、タンポポなどの野草、サツマイモの蔓、床敷に用いた乾燥牧草であった。次いで、ナキウサギ用固形飼料[25]およびウサギ用固形飼料やサツマイモ、リンゴ、スイカなどが好まれた。エンバク、トウモロコシ(生)、枝豆、キャベツ、ニンジン、モモ、ナシなどは採食した個体も見られたが、トウモロコシなどの穀類3種、レタスなどの野菜11種、小鳥用の麻の実など4種は、採食した形跡はなかった。飲水は、500ml容プラスチック給水瓶に水道水を入れて給水した。

VII．飼育室内における繁殖と成績

1．ケージ内の行動

アマミノクロウサギのケージ内での行動をみると、ノウサギのように妄動して金網などに体をぶつけて負傷をすることはない。比較的俊敏な動きをする。飼育室では、音に対しては極めて敏感で、小さな物音でもすぐに「隠れ場」に逃げ込む警戒心の強い動物である。

常に逃避行動を示し、環境に順応し易い動物とは思われない。昼間は「隠れ場」にいてほとんど姿を見せない。「隠れ場」の扉を開くだけで隣側の「給餌場」に逃げ込んだり、「隠れ場」と「給餌場」を右往左往するもの、飛び出そうとするもの、ケージの片隅に立ち上がるものなどの逃避行動が見られる。アマミノクロウサギは夜間活発に活動する。たとえば、アルミケージには自動給水用のノズルが入る直径2.5cmの穴が開いているが、雄

図 28　室内で個別飼育中のアマミノクロウサギ

の個体はその穴をかじり始めて1週間後には直径10cm程にしてしまった。他の個体もケージに咬跡が認められた。体重測定時やケージ交換時のアマミノクロウサギの保定には、カイウサギのそれと同様に背部を握る手法を用いた。しかし、アマミノクロウサギは敏捷な動きで、体を縦横に反転させながら握られた手を振り払ったり、若い個体では長い鋭い爪で飼育者の腕を引掻くなどの抵抗を示した。また、アマミノクロウサギは飼育者がケージの前にいると、雌雄とも共通して後肢で床をたたく威嚇行動を示した。

2．食糞と糞便量

1）食糞

アマミノクロウサギは、カイウサギと同様食糞の習性が観察される。ウサギの糞には2種類あって、繊維が多く、硬くて丸い普通の糞と薄い粘膜に包まれた艶のある軟らかい糞とがある。後者の軟らかい糞は、食物が盲腸で発酵したもので、ビタミンや蛋白質に富んでいて、再吸収する消化過程の一部として食すると考えられている。アマミノクロウサギの糞食行動は、カイウサギとほとんど同じであり、ナキウサギの様にケージの壁に糞をこすり付けるようなことはない。

表 12　アマミノクロウサギの糞便量

			アマミノクロウサギ	カイウサギ	有位差
雌	匹　数		5	5	
	体　重	(kg)	2.18 ± 0.12※	3.73 ± 0.37	P＜0.001
	糞便量	(g/日/1匹)	53.8 ± 22.8	96.8 ± 31.7	P＜0.05
		(g/日/体重1kg)	24.7 ± 10.6	26.5 ± 10.2	NS
	糞個数	(g/日/1匹)	207.7 ± 51.3	375.5 ± 58.3	P＜0.01
		(g/日/体重1kg)	95.9 ± 26.2	101.2 ± 16.5	NS
雄	匹　数		5	5	
	体　重	(kg)	2.13 ± 0.27	3.50 ± 0.08	P＜0.001
	糞便量	(g/日/1匹)	50.2 ± 28.6	112.8 ± 24.1	P＜0.01
		(g/日/体重1kg)	23.7 ± 13.1	32.1 ± 6.6	NS
	糞個数	(g/日/1匹)	176.3 ± 67.4	388.9 ± 52.6	P＜0.001
		(g/日/体重1kg)	84.5 ± 35.9	111.0 ± 14.4	NS

※平均値±標準偏差、NS；有位差なし、同じ動物種の同じ項目で、雌雄間に有位差が認められる例はない。

2）糞便排泄量と個数

アマミノクロウサギが健康を維持しているうえで必要な食餌量をとっているかどうかは、体重の増減と共に糞便の量や形状からも推察することができる。ナキウサギ用固形飼料およびウサギ用固形飼料、サツマイモ、野菜、乾燥牧草を給餌したが、これらを採食したアマミノクロウサギ1日1匹当たりの糞便量は雌53.8g、雄50.2gであり、カイウサギの約1/2であった（表12）。糞便個数では雌207.7個、雄176.3個であるのに対し、カイウサギでは雌375.5個、雄388.9個で、明らかにアマミノクロウサギの糞便量が少ない。これを体重1kg当たりに換算した糞便量および糞便個数をカイウサギ（日本クレア株式会社製CR-1固形飼料のみ給与した場合）のそれと比較するとほぼ近似した数値となった。また、屋外での飼育されたアマミノクロウサギの例では1日1匹当たりの排泄糞便個数は147個（鹿児島県教育委員会）[15]で室内飼育していた場合の筆者らの結果とほぼ一致していた。

3．体重の推移

アマミノクロウサギの全個体について飼育中の体重を月1回測定し、導

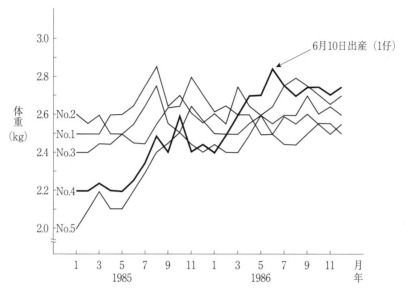

図29 飼育室内におけるアマミノクロウサギ雌の体重曲線

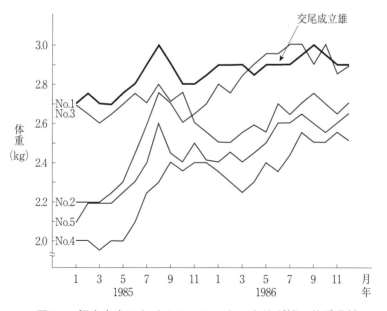

図30 飼育室内におけるアマミノクロウサギ雄の体重曲線

表13　アマミノクロウサギ室内飼育時の体重の最大値と最小値

個体 No.		1985年				1986年			
		最大体重(kg)	月	最小体重	月	最大体重	月	最小体重	月
雌	1	2.85	8	2.50	1〜3	2.75	3	2.55	2
	2	2.80	11	2.45	6〜7	2.65	2	2.50	11
	3	2.75	8	2.40	1〜2	2.60	5	2.40	2〜3
	4	2.60	10	2.20	1〜2, 4〜5	2.85	6	2.40	1
	5	2.65	11	2.00	1	2.80	8	2.50	1〜3
雄	1	3.00	8	2.70	3〜4	3.00	9	2.85	5
	2	2.75	8	2.20	1〜3	3.00	7	2.75	2
	3	2.80	8	2.55	12	2.75	9	2.50	1〜2
	4	2.40	9	1.95	3	2.65	8	2.30	3
	5	2.60	9	2.10	1	2.65	8	2.40	1

入時の体重を基礎として、導入以降2年間(1985年1月〜1986年11月)測定した体重の推移を図29、30に示す。導入時は体重の減少する個体も見られたが、約1ヵ月後には回復した。個体別には雌No.1は捕獲時の体重が2.5kgであったが、3ヵ月目には2.6kgと回復し、8ヵ月目には2.8kgに増体した。それ以降はやや減少して2.5kgを維持した。この個体は捕獲した雌5匹中、最も体重が重く、老齢の個体と思われた。体重増加が著しかったのは雌No.4、No.5の600g、雄No.2、No.4、No.5の600gで、いずれも若い個体である。その他の個体も200〜400gの増加が見られ、外見的に見ても生育状況は比較的良好と思われた。さらに、図29、30に示すように、連続的な体重の増加が見られた後にほぼプラトーに達した1985年8月の雌5匹の平均体重は2.73kg、雄5匹は2.71kgであった。また、体重の季節的変動を見ると、野生での繁殖期である雌では4〜5月、10〜11月に最大値を示した。雄ではほとんどの個体が8〜9月に最大値を示し、最小値は1〜2月であった。室内飼育のアマミノクロウサギの体重は、表13に示す範囲にあった。

4. 交配の試み

導入後3ヵ月を経たアマミノクロウサギは、ケージ内環境にも馴れ、体

表 14　アマミノクロウサギの交配回数
　　　　（1985 年 – 1986 年）

		雌					計
		No.1	No.2	No.3	No.4	No.5	
	No.1	2	4	2	7	6	21
	No.2	2	7	3	3	4	19
雄	No.3	2	2	1	2	2	9
	No.4	3	1	4	2	1	11
	No.5	5	2	1	3	3	14
	計	14	16	11	17	16	74

重も増加してきた。そこで交配を試みることにした。交配は交尾の機会を多く得るために雌雄の組み合わせを変えながら、逐次同居を試みた。まず、無作為にペアを選び、雄のケージに雌を同居させる方法をとった。雄のケージに雌を入れると雄の多くは後肢で床をたたき威嚇する行為をとる。雌と雄を同居させた直後に雄が雌の背や後肢に咬みつく行為が見られる場合は直ぐに分離した。同居させても目立った威嚇行動が見られないペアはそのまま同居させた。交配の同居期間は雌と雄を同居させた当日または翌日の動物の状態を観察し、短期間（1～7日間）または長期間（1～3ヵ月）同居した。

　表14に雌5匹と雄5匹の組み合わせによる交配同居回数を示す。同居中に争いによる抜け毛や雌の負傷が見られた場合には直ぐに分離した。

　妊娠が成立した雌 No.4 と雄 No.1 の組み合わせでは、1986年2月22日に初回の6日間同居を試み、次いで3月20日より7日間同居させた。この2回の同居中では争いのためにいずれも抜け毛が観察された。3回目の同居は3月29日から始め約2ヵ月間の連続同居をさせた。1ヵ月後の4月26日の体重測定時の腹部触診では胎仔は認められなかったが、2ヵ月後の5月25日の触診で親指大の固まりが確認でき受胎の可能性があることから、直ちに雌を分離した。

5．出産および新生仔の肉眼的所見

　1986年5月25日、雌 No.4 の腹部の触診によって胎仔が確認されたため、

図 31　生後 2 日齢のアマミノクロウサギ

　ケージ内の「隠れ場」を産室とさせるために、床敷用の乾燥牧草を十分に入れて出産に備えた。雌親に刺激を与えないように室内作業はなるべく静かに行い、雌親が「隠れ場」にいないところを見計らって産室を注意深く観察した。6月9日出産前日までの観察では雌親が巣作りのため自分の体毛を抜く行動や体毛の飛散、床敷の変化はまったくみられなかった。6月11日、「給餌場」より産室を覗いたところ、床敷に直径15cm、深さ5cm位の「くぼみ」がみられ、そこに1匹の新生仔が観察された（図31）。

　新生仔の観察状況を以下に記す。

0 日齢（6月10日）
① 新生仔は極めて元気であった。
② 体には短毛が生えており、毛色は濃い野生色で、腹部の皮膚は赤味をおびていた。
③ 目は閉じており、耳介も後方に閉じていた。
④ 門歯が生えていた。
⑤ 四肢の爪は伸びて、先端は白く細い糸状になって巻いていた。
⑥ 新生児は雌で、乳頭の痕跡が3対見られた。
⑦ 体重は100g。

2 日齢（6月12日）

図32 生後4日齢で死亡したアマミノクロウサギ

⑧ 新生仔は床敷の上を這い回っていた（図31）。

4日齢（6月14日）
⑨ 新生仔は床敷の上で腹這いになって四肢を伸ばしていた。
⑩ 元気がなく、体温もやや低く感じられた。保温プレートで温め、人工乳を投与したが、回復することなく死亡した。
⑪ 生後4日齢で死亡した新生仔の体重は84gであった（図32）。

なお、死亡した新生仔の各部位の測定値を表15に示す。

Ⅷ. おわりに

野生のノウサギの飼育を試みたCrandall, L.S.[1]は、ノウサギは非常に俊敏に動き回る動物であるとし、Hediger[9,20,21]は、ノウサギは臆病で驚きやすい動物で多くは寄生虫に侵されていることを記載している。アマミノクロウサギの飼育を試みた大和小・中学校（奄美大島）や平川動物園（鹿児島）では、なるべく自然の状態で飼育する方法をとった。そのほとんどが

表15　新生仔の各部位の測定値

体　長（鼻先から尾のつけ根）	15.0cm
頭　長	4.0cm
耳　長	1.5cm
尾　長	0.5cm
前肢長	1.5cm
後肢長	3.0cm

動物同士の闘争や寄生虫症によって死亡している。

　これに比べ飼育室内による飼育方法では、注意深い観察で人為的に回避できる。また、寄生虫感染に関しては、外部寄生虫は室内飼育中にほとんど宿主から離れるため、飼育個体群に影響はない。内部寄生虫については、感染力の強い *Obeliscoides pentalagi*、*Heligmonella leporis* の寄生が見られ、再感染が危惧されたが、金網床ケージを頻回に交換するなどの衛生的な管理で再感染を防止できた。このように、小型の野生動物の人工飼育は、野外での放し飼い飼育よりも室内での飼育の方が有利と思われる。飼料については、飼育中の発育過程をみると、最大体重に達するまでに長期間を要していることから、栄養要求が十分充たされていないかも知れない。そのため、今後室内飼育を行うにあたっては、アマミノクロウサギ専用の固形飼料の開発が必要である。

　今回の野生アマミノクロウサギの飼育繁殖の試みでは、雌雄各5匹の様々な組み合わせで延べ74回交配し、そのうち1組に妊娠が成立し、1回の出産（1仔）が認められた。今後アマミノクロウサギの室内繁殖を成功させるためには、交配方法、特に雌雄をペアリングする際、両者の相性や体調などについて十分留意することが重要であろう。野生アマミノクロウサギは、仔育て用巣穴と生活時の巣穴を分けて行動する習性がある。今回、繁殖用ケージとして新たに作製したケージ内で1例ではあるが出産を成功させることができた。この新生仔は比較的元気であったにもかかわらず哺育できなかった理由として、産室が自然界の巣穴と著しく異なった環境であること、新生仔に人間が接触したことによる雌親への刺激、雌親の哺育能力の欠如などが考えられる。今後、それらの要因を考慮したアマミ

ノクロウサギにとって最適の繁殖条件を整備することにより、室内繁殖が可能になるであろう。アマミノクロウサギの人為的繁殖が可能になれば、アマミノクロウサギの貴重な基礎データが得られるであろう。

謝辞

本研究に際しご支援ならびにご助言を賜りました（財）実験動物中央研究所故野村達次所長および故田嶋嘉雄学術顧問、富山医科薬科大学故佐々学学長、筑波大学情報センター故中山和彦センター長、捕獲許可に特別の便宜を与えられた文化庁文化財保護部久保庭信一前部長、同記念物課品田穰調査官、環境庁自然保護局鳥獣保護課那波昭義技官、鹿児島県教育庁文化課、同衛生部環境管理課、大島郡宇検村教育委員会、現地でアマミノクロウサギの捕獲調査に協力して下さった、大島郡宇検村湯湾故元善時氏、名瀬市港故南竹一郎氏、大島郡瀬戸内町清水里力氏、東京大学医科学研究所奄美病害動物研究施設昇善久、服部正策の両氏、当研究所飼育技術研究室齊藤宗雄室長および所員各位に心から感謝いたします。

文献

[1] Crandall.L.S.(1963).Management of Wild Mammals in Captivity.,Univ.,Chicago Press.,Chicago & London.,203-204.
[2] Durette-Desset,M.C.(1971).Essai de classification des Nematodes Heligosomes.,Correlations avec la paleobiogegraphie des hote. Mem.Mus. Nat.,Hist.,Net.,ser.,Zool.,A.69,1-126.
[3] Durette-Desset,M.C.& Chabaud,A.G.(1977).Essai de classification des nematodes *trichostrongyloidea*.,Ann.,Parasitol.,Hum.,Comp.,52,539-558.
[4] Durette-Desset,M.-C.(1983).Keys to genera of the super-family *Trichostrongyloidea*.,CIH Keys to *Trichostrongyloidea*.,CIH Keys to Nematode Parasites of Vertebrates N.10 Anderson,R.C., and Chabaud,M.,G. (editors),Farnham Royal.,Bucks.England,Commonwealth Agricultural Bureaux.,86.
[5] Fukumoto,S.and Ohbayashi,M.(1985).Variations of Synlophe of *Orientostrongylus ezoensis* TADA,1975 (Nematoda;Heligmonellidae) among different populations in Japan.,*Jpn.,J.Vet.,Res.*,33,27-43.
[6] Graybill,H.W.(1923). A new genus of nematodes from the Domestic rabbit.,Parasitology,15,340-342.

[7] Graybill, H.W. (1934). *Obeliscoides,* a new name for the nematode genus *Obeliscus.*, Parasitology, 16, 317.
[8] 林 寿郎 (1968). 標本原色図鑑 19、動物 1、保育社、大阪、77-80.
[9] Hediger.H. (1964). Wild Animals in Captivity., 138-142., Dover., New York.
[10] Kamiya, M., Suzuki, H. and Hayashi, K. (1979). Helminth parasites of *Romerolagus diazi* and *Pentalgus furnessi.*, Jpn., J.Parasitol., 23 (Suppl.), 73.
[11] 神谷正男、福本真一郎、松﨑哲也、鈴木 博 (1987a). 特別天然記念物アマミノクロウサギ *Pentalagus furnessi*—その捕獲・飼育・寄生虫 (1)、北獣会誌、31, 221-228.
[12] 神谷正男、福本真一郎、松﨑哲也、鈴木 博 (1987b). 特別天然記念物アマミノクロウサギ *Pentalagus furnessi*—その捕獲・飼育・寄生虫 (Ⅱ)、北獣会誌、31, 241—247.
[13] 神谷正男、松﨑哲也、鈴木 博 (1987). 世界の天然記念物メキシコウサギの人為繁殖と絶滅地域への再移入計画(1). 畜産の研究、42, 17-21.
[14] 神谷正男、松﨑哲也、鈴木 博 (1987). 世界の天然記念物メキシコウサギの人為繁殖と絶滅地域への再移入計画(1). 畜産の研究、42, 31-34.
[15] 鹿児島県教育委員会 (1977). 特別天然記念物、アマミノクロウサギの実態調査 天然記念物緊急調査報告書、69pp. 鹿児島県.
[16] 北岡茂男、鈴木 博 (1974). 南西諸島における医動物学的研究 2. 奄美大島南部のマダニと季節消長、衛生動物、25(1), 21-26.
[17] Kitaoka, S. (1977). Ticks. In Animals of Medical Importanc in the Nansei Islands in Japan (ed., Sasa, M., Takahashi, H., Kano, R. et Tanaka, H.) 239-250., Shinjuku Shobo, Tokyo.
[18] Kitaoka, S. et Suzuki, H. (1981). *Dermacentor taiwanensis* Sugimoto, 1935 (Acarina ; Ixodidae) the immature stage and notes on hosts and distribution in Japan. Tropical Medicine., 23(4), 205-211.
[19] 桐野正人 (1977). シリーズ日本の野生動物 5. アマミノクロウサギ、汐文社、東京.
[20] 小宮輝之 (1981). ノウサギの飼育と繁殖、どうぶつと動物園、12, 18-19.
[21] 小宮輝之 (1985). 日本産ノウサギ類の 1 年間の体重変動について、野兎研究会誌、12, 25-32.
[22] Liu, C.K. & Wu, H.W. (1941). Notes on some parasitic nematodes. Sinensis, 12, 61-64.
[23] Lichitenfels, J.R. (1974). Number and distribution of ridges in the cuticule of *Nippostrongylus brasiliensis* (Nematode:Heligmosomatoidea)., J. Parasitol., 60, 285-288.
[24] Machida, M. (1970). Two new helminth parasites from Japanese serow, *Capricornis crispus.,* Bull., Nat. Sci. Mus., 13, 135-140.
[25] 松﨑哲也、齊藤宗雄、山中聖敬、江崎孝三郎、野村達次 (1980). 実験動物としてのナキウサギ *(Ochotona rufescens rufescens)* の室内における飼育・繁

殖の試み、実験動物、31,185-188.
- [26] 松﨑哲也、齊藤宗雄、神谷正男 (1982). 野生メキシコウサギ *(Romerolagus diazi)* の室内における繁殖の試み、Exp. Anim., 31, 185-188.
- [27] Matsuzaki, T., Kamiya, M., and Suzuki, H. (1985). Gestation Period of the Laboratory Reared Volcano Rabbit *(Romerolagus diazi).*, Exp. Anim., 34, 63-66.
- [28] Measures, L. N. and Anderson, R. C. (1983). New subspecies of the stomach worm *Obeliscoides cuniculi* (Graybill) of *Lagomorpha.*, Proc., Helminthol., Soc., Wash., 50, 1-14.
- [29] 岡本文良 (1971). 動物の記録4、アマミノクロウサギ、学習研究社、東京.
- [30] Ono, Z. (1977). Siphonaptera of Amamioshima., In Animals of Medical Importance in the Nansei Islands in Japan (ed., Sasa, M., Takahashi, H., Kano, R. and Tanaka, H.) 235-237., Shinjiku Shobo., Tokyo.
- [31] Sakou, T. (1985). Open rearing of the Amami rabbits in Hirakawa Zoo., Nature Conservation Bureau Environment Agency Japan.
- [32] Schulz, R. E. S. (1931). Parasitic worms of rabbits and hares and the diseases caused by them., (Russian text)., 238pp. Moskva.
- [33] 世界野生生物基金日本委員会科学委員会 (1984). 南西諸島とその自然保護その1、403pp、東京.
- [34] 鈴木 博 (1975). アマミノクロウサギの現状、アニマ、22(1), 42-47.
- [35] 鈴木 博 (1977). 南西諸島の医動物学的研究Ⅵ、奄美大島のアマミノクロウサギと野鼠類の恙虫について、衛生動物、28(2)., 105-110.
- [36] Suzuki, H. (1977). Trombiculid Fauna. In Animals of Medical Importance in the Nansei Islands in Japan (ed., Sasa, M., Takahasi, H., Kano, R. et Tanaka, H.), 251-286. Shinjuku Shobo., Tokyo.
- [37] Suzuki, H. (1980). Trombiculid Fauna in Nansie Islands and Their Characteristics (Prostigmata, Trombiculidae), Tropical Medicine 22(3), 137-159.
- [38] 鈴木 博 (1985). クロウサギの棲む島―奄美の森の動物たち、新宿書房、東京、1-223.
- [39] Yamaguti, S. (1935). Studies on the Helmint Fauna of Japan., Part 13., Mammalian Nematodes., Jap., J. Zool., 6, 433-457.
- [40] Yamaguchi, N., Tipton, V. J., Keegan, H. L. et Toshioka, S. (1971). Ticks of Japan, Korea and Ryukyu Islands., Brigham Young University Science Bulletin, 15 (1), 226pp.
- [41] 山口啓治、神谷晴夫、工藤規雄 (1977). エゾシカ *Cervus nippon yesoensis* (Heude) の寄生蠕虫について、北獣会誌、21, 167-170.

3. オオネズミクイ
(Crest tailed marsupial rat)

オオネズミクイ
Dasyuroides byrnei

I. オオネズミクイの導入と開発の経緯

　有袋類は、生活環境の異なる地上、樹上あるいは地中生活するものなどさまざまな種を含み、なかには被膜によって滑空するものもある。大きさは最大体重約 80kg のオオカンガルーからスミンソプシスのように 20g の極めて小型のものもいる。食性もコアラやカンガルーは草食性であり、肉食性のフクロオオカミ、昆虫食のフクロアリクイ、蜜を吸うフクロミツクイなどいろいろである。今回、有袋類の中から実験動物として開発に取り上げられたオオネズミクイは、学名 *Dasyuroides byrnei*、英名 Crest tailed marsupial rat と呼ばれる若いラット（100g）程度の大きさの動物である。

　1982 年に実中研では、オーストラリア医学獣医学研究所の Watts,C. 博士よりオオネズミクイ 10 ペアの分与を受けた。有袋類動物で共通する特性としては、仔は極めて未熟の状態で生まれ、雌親の腹部にある育仔嚢の中で発育する。特に器官の発達した前肢部分と未発達の後肢部分が同一個体に存在する特性は、他の動物に見られない特性であり、今後、この動物の生物学的特性の検索を進めることによって、他の動物にはない有袋類なるがゆえの生物学的に期待でき、その計画的量産が可能になれば、新しいタイプの実験動物として、実験・研究に活用できるかもしれない。

II. 生物学的概要

1. 動物分類学的位置

　有袋類は 5,400 万～1,200 万年前頃に繁栄し、地球上に広く分布していたとされている。現在はオーストラリアとニューギニアおよびその周辺の島にカンガルー科、クスクス科、フクロネコ科など 180 種が生息する。また、中南米および北米の一部にはオポッサム科約 60 種が生息している。これらの有袋類はそれぞれの生活環境に適応し、いろいろな形に分化をとげ、動物進化のうえで「適応放散」のよい例とされている[11]。オオネズ

表 16　有袋目 (Marspialia) フクロネコ科 Dasyuridas の分類

フクロジネズミ亜科（sub family：Phascogalinae）
　　ミューレキシア属（genus：*Murexia*）
　　スミンソプシス属（genus：*Sminthopsis*）
　　ファスコガーレ属（genus：*Phascogale*）
　　フクロジネズミ属（genus：*Planigale*）
　　アンテキヌス属（genus：*Antechinus*）
　　フクロトビネズミ属（genus：*Antechinomys*）

フクロネコ亜科（sub family：Dasyurinae）
　　ネオファスコガーレ属（genus：*Neophascogale*）
　　ファスコロソレックス属（genus：*Phascolosorex*）
　　ミオイクティス属（genus：*Myoictis*）
　　アンテキヌスモドキ属（genus：*Parantechinus*）
　　ネズミクイ属（genus：*Dasycercus*）
　　オオネズミクイ属（genus：*Dasyuroides*）
　　ヒメフクロネコ属（genus：*Satanellus*）
　　オグロフクロネコ属（genus：*Dasyurinus*）
　　フクロネコ属（genus：*Dasyurus*）
　　オオフクロネコ属（genus：*Dasyurops*）
　　タスマニアデビル属（genus：*Sarcophilus*）

フクロオオカミ亜科（sub family：Thylacininae）
　　フクロオオカミ属（genus：*Thylacinus*）

フクロアリクイ亜科（sub family：Myrmecobiinae）
　　フクロアリクイ属（genus：*Myrmecobius*）

（今泉吉典・小原秀雄：世界の哺乳類図説，1966）．

　ミクイは、有袋目、フクロネコ科、フクロネコ亜科、オオネズミクイ属に位置する動物である。表 16 のようにフクロネコ科には 4 亜科 19 属が含まれている。オオネズミクイ属は南オーストラリア州に分布し 1 属 1 種で *Dasyuroides byrnei byrnei* と *Dasyuroides byrnei pallido* の 2 亜種が知られている。

2．形態学的特徴

　オオネズミクイ（図 33）の成熟体重は雌で 70 〜 105 g、雄で 85 〜 140 g、頭胴長は 13 〜 18cm、尾長は 11 〜 14cm である。体毛は茶褐色で、尾の先端半分は黒色の長毛で密生した毛冠を形成している。耳介は裸出し、

図33　オオネズミクイ *Dasyuroides byrnei* の成獣

前に倒せば眼の先端に達する。前肢足底には5個の肉球があり、後肢足底は比較的幅が狭く、指の基部に3個の肉球があり第1指を欠いている。前臼歯は3/3である。育児嚢は発達が悪く、通常はわずかな襞を有する痕跡程度であるか、まったく認められないこともある。しかし、妊娠・哺育中の育児嚢はよく発達した袋を形成する。育児嚢の中に6個の乳頭を有している。

3．生息分布

オオネズミクイは南オーストラリア州北東部およびクィーンズランド州南西部の両州にまたがった地域に分布し、岩石の多い乾燥した荒地の穴の中で生息している。食性は食虫・食肉の動物で、主に昆虫やその他の節足動物、無脊椎動物、トカゲのような小型の脊椎動物、ネズミ類、卵、小鳥、大きな動物の腐肉などを食べている。なお、少量の野草も食べることがある。乾燥に強く、湿り気のある餌を摂った時にはほとんど水を必要としない。オオネズミクイは夜行性の、動きの活発な動物で、日光浴や砂浴びを好む動物である。

4．実験動物としての有用性

オオネズミクイは他の有袋類と同様、仔はいわゆる未熟の状態で生ま

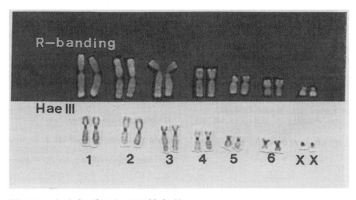

図34　オオネズミクイの染色体
雌の中期染色体を固定後、制限酵素 *Hae* III でギムザ染色したセントロメアが濃染されている。（東工大理学部大方佳代子研究員提供）

れ、母親の育仔嚢内で発育を続ける。この特性から、胎盤の発達と機能の研究、妊娠の維持機構の研究、あるいは育仔嚢内環境と胎生環境の比較研究などの利用が考えられる。新生仔の口裂は極めて特異的で、口腔と舌が相対的に大きい。また、各器官の相対成長もヒトと相違して大きいこと、特に前肢の器官は、乳首から離れないようによく発達していて親の皮膚にしっかり摑まっている。後肢の部分は指と指の間に水かき様の膜がついていてまだ未発達である。このように同一個体で発達した部分と未熟な部分が存在する特性は、他の動物に見られない特性であり、神経・筋などの発達を研究する上で貴重な材料になると思われる。染色体が大きく、その数が 2n=14 と少ない、また、X 染色体が極めて小さい（図34）などの特徴を備えており[9,10]、この分野の実験研究にも有用である。特に、培養細胞系が確立されれば変異原性試験における染色体の観察には利用価値が高いものと期待される。

　また、オオネズミクイはトキソプラズマに高い感受性があり、白内障や後肢の弱体化が併発することも知られており、トキソプラズマ感染症のモデル動物としても有用と思われる[14]。

　オオネズミクイの下顎腺の腺胞は、有袋類であるオポッサムや他の多

くの哺乳動物のものと異なり、2種の漿粘液細胞から構成されている。げっ歯類やウサギの下顎腺は1種類の分泌細胞である漿粘液細胞のみで構成されているが、犬や猫、豚、馬、その他の反すう獣の腺胞は、2種類の異質細胞であるPAS染色や、AB（alcian blue）染色陽性の粘液と漿液細胞で構成されている[13]。Kurohmaru,M.(1990)らはオオネズミクイの精細胞と精子形成期の超微細構造についての報告がある[6]。今後、オオネズミクイについての生物学的検索を進めることによって有袋類なるがゆえの他生物とは異なる特性が発見されるかもしれない。

III. 飼育繁殖の歴史

1. 飼育繁殖の試み

オオネズミクイの繁殖生理に関してはMack (1961)[7]やWoolley (1971)[14]、Aslinら(1980)[1]によって詳しく調査されている。

現在までに有袋目の仲間で実験動物化が進められてきた種に、オポッサム科のキタオポッサム *Didelphis virginiana*[5]、オポッサム *Monodelphis domestica*[3]、コモリネズミ *Marmosa mitis*[2]、カンガルー科の *Potorus tridactylus*[12]、フクロネコ科のオオネズミクイ *Dasyuroides byrnei*[14]、ハナスジスミンソプシス *Sminthopsis macroura(=S.larapinta)*、フトオスミンソプシス *Sminthopsis crasicaudata*[4]などがある。これらの種は室内繁殖が可能になったとはいえ、実験動物としての開発の歴史も浅く、使用されている研究分野はごく限られている。

実中研では1982年にオーストラリア医学獣医学研究所のWatts,C.博士からオオネズミクイ10ペアを導入し、筆者らによって実験動物化が進められた[9]。今後この動物に関する詳細な研究が進められることによってその特性が明らかにされてくるであろう。

Ⅳ. 室内における飼育と繁殖

1. 動物の取り扱い

オオネズミクイは動きが素早く、飼育者がケージ内に手を差し入れると、口を大きく開いた威嚇行動や、また、尾の先端部分を扇状に開いてこきざみに動かす威嚇行動を示すなど、取り扱いは容易でない。動物を簡単にケージからケージへ移動する時は、直径20cm位の魚取り用の網でケージ内の動物をすくい出し、尾を軽く握り頭を下にして持ち上げる。手で保定するときは、網ですくい出した動物をテーブルの上に置き、右手で網の上から動物の肩を押さえ、左手を網の下から入れて動物の頸部を親指と人差し指で輪を作るようにして押さえる。この時、親指の先端を動物の顎の下にあててオオネズミクイの口が開かないようにする。動物の取り扱いに馴れてくれば、素手で動物を保定することも可能となる。

2. 室内飼育条件

1）飼育室環境

オオネズミクイはマウス・ラットと同じ室内環境で飼育できる。室内の温度は22±2℃、湿度は55±5％、照明時間は8時から20時までの12時間点灯を行う。換気回数は全新鮮空気により1時間当たり10～15回である。

2）飼育ケージ

オーストラリア医学獣医学研究所では間口95cm×奥行75cm×高さ40cmの木製のものを使用している[12]。筆者らは、動物の観察や作業の利便性を考え、アルミ製金網床ケージ（間口57cm×奥行40cm×高さ22cm）を作製し、このケージの中に巣箱を入れた。巣箱は木製で、大きさは間口21cm×奥行16cm×高さ16cm、巣箱の中に細切りにしたペーパータオルを巣材として入れた。給餌器はラット用粉末給餌器を、給水瓶はマウス用180ml容給水瓶を使用した。

3）飼料

飼料はスンクス用固形飼料 CIEA-305[8] を主に与え、補食にネコ用固形飼料（粉末）や鶏卵、挽肉にした豚モツなどを若干与える。飲水は水道水を与えた。なお、Woolley,P.A. の報告[14] によると、挽肉にした牛の心臓（450ｇ）や肝臓（115g）に仔犬用ドライフード（200g）、炭酸カルシウム（25g）、玉子（1個）を混合したものを成熟した個体1匹に1日当たり20g与え、そのほかに乾燥フルーツ（干しブドウやナッツ）、蜂蜜、Pentvarbital、第二リン酸カルシウム、Lactgen などを適宜与える方法をとっている。

V．繁殖と成績

1．交配適齢期

オオネズミクイの性成熟月齢は9〜12ヵ月齢で、その日齢で雌では初発情が、雄では精子形成が見られる。育仔嚢は生後8ヵ月まではほとんど認められないが、性成熟に達した頃から発達しはじめ、育仔嚢にあたる皮膚の体毛が薄くなってくる。発情期に入ると育仔嚢はさらに大きく拡がり、その大きさは発情後35日目頃が最大となる。オオネズミクイは多発情の動物で成熟した雌の発情は年に1〜4回現れる。発情期には膣スメア像で角質化上皮細胞が多量に出現し、その間隔は50〜60日、遅いもので90日で繰り返される。

2．交配方法

交配は、雌1：雄1で、1ヵ月を限度とする連続同居で行う。長期間の連続同居では妊娠率は向上しない。交尾の成立は角質化上皮細胞のピークが観察される2〜6日前で、膣スメア像から精子が確認できる。オオネズミクイの交尾は他の実験動物とはやや様相が異なる。すなわち、雌の上に乗駕した雄は3時間ぐらいその姿勢を続け、個体によってはそれ以上に乗駕を続けるものさえある。

3．妊娠・出産

妊娠診断は育仔嚢の周辺の皮膚が赤味を帯びて膨張してきたことで判断できる。妊娠期間は、交尾確認した日を0日として換算すると、30～35日間となる。交尾確認できた雌は出産に備え、出産予定日の1週間前に雄と分離し個別に出産、保育させる。

4．産仔数

産仔数は4～6匹の範囲にあり、4匹を出産したのは7腹、5匹を出産したのは11腹、6匹を出産したのは20腹で、5～6匹を産む個体が全体の81.6％である。しばしば7匹以上生まれることもあるが、マウスのように乳頭の数以上に仔を育てることはほとんどない。

5．哺育

離乳は生後100～120日で行い、雌雄を判別した後は個別またはペアで育成する。雌雄の判別は、雄では陰門の前に巾着状の隠嚢が1つ下降しているので、両者を容易に判別することができる。

6．出産時期

オーストラリアでの野生オオネズミクイの繁殖シーズンは4月から12月の間で、1月から3月は繁殖休止期である。導入後約4ヵ年の間に実中研で見られた出産時期を表17に示す。初年度（1983）および2年目は4月から8月にかけて出産が集中しており、オーストラリアでの繁殖期と同じ時期であった。しかし、3年目には2月から3月に出産が集中し、4年目には1月から3月に集中して見られた。日本（実中研）でのオオネズミクイの繁殖期はオーストラリアでの繁殖休止期の1月から3月にあたる。オーストラリアは南半球にあり日本は北半球にある。すなわち、気候が反対である。そのままわが国に当てはめることはできない。いずれにしても、年間を通して恒温・恒湿に保ち照明時間も一定にした室内環境下で飼育を継続しているが、オオネズミクイの繁殖期は1年のある時期に集中している。実中研におけるオオネズミクイの繁殖期がこのまま固定するものなのか、

表17 わが国（実中研）におけるオオネズミクイの出産時期

年＼月	1	2	3	4	5	6	7	8	9	10	11	12	計
1983						1 (1)	3 (1)	1				2	7 (2)
1984	1 (2)			2 (1)	1	2 (2)						1	7 (5)
1985		4 (1)	6 (7)										10 (8)
1986	6 (2)	6 (4)	1 (2)	1									14 (8)

（ ）内数字は新生仔喰殺母体

あるいはまだ変動するものなのかは、今後の長期間にわたる観察が必要である。

7. 繁殖成績

1982年12月に10ペアを導入し室内での繁殖を試みた約4年間の繁殖成績を表18に示す。オオネズミクイの繁殖はほとんどの個体で1年に1回出産した。例えば、繁殖が最も良かった例では、1983年の12月に初産をみた個体は翌1984年6月に2産目を、さらに1985年3月に3産目を出産した。このように6ヵ月から9ヵ月の間隔で出産が見られ、哺育も順調であった。別の個体では、1983年の7月に初回の出産があり、続いて1984年1月と6月に、さらに1985年3月には4回目の出産が確認された。この例では、初産に離乳仔が得られたが2産以降はいずれも新生仔を喰殺した。表18は導入した雌10匹とその子孫から延出産61回のうち、離乳仔が得られた38腹（62.3％）を示したもので、残る23腹（37.7％）は産後に新生仔および哺育仔を喰殺し離乳仔が得られなかった。離乳率は57.6％であった。離乳率低下のおもな原因は新生仔を喰殺する母体が多かったためである。なお、一度喰殺を経験した母体は、その後の出産における哺育も良くなかった。また、哺育仔が母親の乳首から離れるようになる50日齢前後に哺育仔の死亡または喰殺が見られた。これらは、哺育仔の発育不良あるいは母親の授乳拒否などがその理由に考えられるが、詳細は明らかでない。

表18　わが国（実中研）におけるオオネズミクイの繁殖成績

年	出生雌数*	産仔数	平均産仔数**	離乳数	離乳率（%）	雄：雌
1983	7	36	5.1 ± 1.1	20	55.6	12：8
1984	7	40	5.7 ± 0.5	24	60.0	14：10
1985	10	51	5.1 ± 0.9	32	62.7	17：15
1986	14	76	5.4 ± 0.6	41	53.9	18：23
合計	38	203	5.3 ± 0.8	117	57.6	61：56

*離乳仔が得られた雌親数　　**平均±標準偏差

Ⅵ. 成長

1. 新生仔の発育

　新生仔は、通常育仔嚢の膨張した柔らかい皮膚に包まれ、外見から見ることはできない。生後0日齢の新生仔は、頭と前肢が大きく、体長は3～4mm程度で、後肢の指の間には水かき様の膜がありまだ発育が十分でない状態である。新生仔は乳頭からの分泌液で湿っている育仔嚢の中で、乳首に吸着している（図35）。

　25日齢では、目の位置が明瞭になり、体長は20mm位になる。30日齢で体長が20～25mm、体重は0.7～1.0gまでに成長する（図36）。

　35日齢になると哺育仔は育仔嚢からわずかに突き出るまでに成長し、哺育仔の観察も容易になる（図37）。50日齢ごろには仔の体毛が生えはじめ、尾の先に黒い色素が出てくる。この時期の体重は5～6g程度で、仔は母親の乳首から離れるようになる。

　75日齢になってようやく目が開き、背部は灰色、腹部は白色の毛で覆われ、体重は約20gになる（図38）。この時期においても図38のように、まだ母乳を飲み続けている。95日齢には飼料を食べ始め、毛皮は厚くて柔らかい。100日齢で雌雄ともに体重が40～55gとなり、離乳が可能になる。性成熟は、生後8ヵ月齢以上を要し、体重が100gに達した時である。

図35　生後2日齢の育仔嚢内の仔

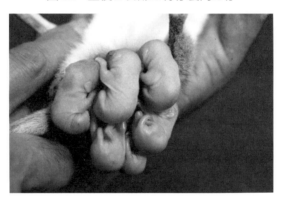

図36　生後30日齢の育仔嚢を開いた時の仔

図37　生後35日齢の育仔嚢内の仔

図38 生後75日齢の哺乳中の仔

VII. おわりに

　1982年にオオネズミクイを導入して以来、約4年間の室内繁殖を試みた結果、オオネズミクイは室内での継代繁殖ができることが分かった。しかし、オオネズミクイの哺育不良個体が多いことから、必ずしも今回著者らが用いた飼育環境ならびに条件が良好とはいえない。Woolley[14]は赤外線ランプ（250W）を飼育ケージに取り付け、週5日、1日2時間点灯させて日光浴をさせている。筆者らは、繁殖をより効率的に行うため、赤外線ランプのかわりに保温プレートや砂浴を用いて繁殖の改善を試みたが、短期間の実験のため十分な結論を出すまでに至らなかった。しかし、赤外線ランプや保温プレートなどによる繁殖の向上は考えられない。今後、専用飼料の開発や適正な飼育条件を見い出し、妊娠率および離乳率の向上を計れば、計画的な増殖も可能になるであろう。

　謝辞

　本研究に際し、ご支援ならびにご助言を賜りました（財）実験動物中央研究所故野村達次所長、オオネズミクイを分与頂いたオーストラリア医学獣医学研究所のWatts,C.博士、当研究所飼育技術研究室齊藤宗雄室長および所員各位に深謝いたします。なお、本研究は昭和59年度文部省科学研究費補助金の援助によるものである。

文献

[1] Aslin,H.J.(1980).Biology of a laboratory colony of *Dasyuroides byrnei* (Marsupialia, Dasyurdae)., Australian Zoologist.,20 (3), 457-471.
[2] Barnes,R.D. and Barthold,S.W.(1968).Reproduction and breeding behavior in an experimental colony of *Marmosa mitis* (Didelphidae), J,Repord., Fertil., Suppl.,6,477-482.
[3] Faden,B.H.*et al.*(1982).Care and breeding of the gray short-tailed opossum*(Monodelphis domestica)*,Lab.Anim.,Sci.,32,405-409.
[4] Godfrey,K.G.(1969).Reproduction in a laboratory colony of the marsupialia mouse *Sminthopsis larapinta* (Marsu-pialia：Dasyurdae).,Aust.,J. Zool.,17.,637-654.
[5] Jargelski,W.(1974).The opossum *(Didelphi virginiana kerr)* as a biomedical model.Lab.,Anim.,Sci.,24,375-425.
[6] Kurohmaru,M.*et al.*(1990).An Ultorastructural Study of Developing Spermatids and Associated Sertoli Cells during Spermiogenesis in the Kowari (Crest-tailed Marsupial rat) *Dasyuroides byrnei.,* Okajimas Folia., Anat., Jpn., 66, 393-404.
[7] Mack,G.(1961).Mammals from south-western Queensland.,Mem., Qd Mus., 13,213-228.
[8] 松崎哲也、齊藤宗雄、山中聖敬(1984).スンクス*(Suncus murinus)*の計画生産、実験動物、33,223-226.
[9] 松崎哲也(1987).有袋類オオネズミクイの実験動物化、遺伝、41,19-22.
[10] 松崎哲也(1991).オオネズミクイの特性と利用の可能性、家畜の研究、45,172-176.
[11] 森　圭一、渋谷右三(1961).生態系の進化、動物生態学、393-420.
[12] Suzanne,L.,Uilmann and Rena Brown.(1983).Further obsevations on the potoroo *(Potorus tridactylus)* in captivity.Lab.,Anim.,17,133-137.
[13] Suzuki,S. *et al.*(1990).Fine Structure of the Marsupial rat *(Dasyuroides byrnei.).,*Exp. Anim.,39,55-62.
[14] Woolley,P.(1971).Maintenance and breeding of laboratory Colonies *Dasyuroides byrnei.,* and Dasycercus cyisticauda.,Int.,ZooYb.,11,351-354.

あとがき

　ある動物が、実験動物として試験、研究に利用されるには、それが継続的に、大量に生産（繁殖）され、供給される必要がある。著者自身、実験動物の開発改良に従事し、野生動物や家畜の計画生産体制の確立を目的に仕事を進めてきた。

　本文に記した通り、第1章では野生から飼いならされて日が浅いナキウサギやスンクスの例、第2章では野生の動物を捕獲導入したメキシコウサギやアマミノクロウサギ、日本の気候とは真逆の南半球に生息する飼育中のオオネズミクイの例を述べてきた。これらに共通していえることで、実験動物化の第一段階である計画生産に際し留意すべき点に以下のことが考えられる。

　まず、実験動物化を対象にした動物は、自然の環境下で生存している。これらの動物が飼育室という従来とは著しく異なった条件下におかれ、飼育者の管理のもとに生存を続け、やがて繁殖が成立するには、それぞれに適した住まいと、栄養の整った餌が与えられ、より好ましい動物の取り扱いをすることが必要で、どのような条件、どのような方法を用いるかの決定ならびに実行者は、動物と常に接触する飼育者をおいて他にいない。

　動物はいずれの雌雄も繁殖能力を有しながら、生活環境の著しい違いや交配同居時の雌雄間のトラブルで繁殖できなかったものなど、雌と雄とがいれば必ず子孫が得られるとは限らない。こうした状況を確認し同居の継続や分離をするのも飼育者の判断である。住まいは、感染病のない清潔な飼育室、ケージ、巣箱、巣材、それに快適な温度、湿度、照明、きれいな空気などすべてが含まれる。この住まいに関する各種条件も、動物を常に観察している飼育者の判断でのみ選定される。餌や水は、動物が生存し、ひいては繁殖する上で不可欠なもので、それぞれが必要としている良質な飼料が与えられ、かつ、動物自身が進んで摂取する飼料でなければな

らない。これら飼料においても動物の健康を身近に見ている飼育者の判断にゆだねられる。

　以上のように、野生動物を飼育室内で繁殖するうえで留意すべき点を述べてきたが、〝ひと言〟でいうならば、動物の欲求をより多く理解するよう努めることにある、つまり、人為的環境下の動物を安定した状態で維持するためには、動物に与えられた諸条件がほぼ満たされることによって、動物に与える恐怖心がなくなり、動物と飼育者との間が円滑になり、はじめて実験動物化における生産（繁殖）が可能になるのである。

　なお、本誌は当時行われた研究の報告書をまとめたものであり、謝辞に使われた所属、職名は、その報告書によるものである。
　野生動物の室内繁殖の機会を与えていただいた実中研故野村達次所長に感謝の意を込めて、この本を捧げます。
　本の趣旨を汲み取って頂き、出版を快く快諾頂きました実中研理事長野村龍太氏に感謝申し上げます。また、同研究所副所長伊藤守氏、同じく特任研究員伊藤豊志雄氏にはご多忙中にも関わらず原稿の校閲を賜りました。また、株式会社中央公論事業出版社の紹介はジック株式会社監査役齊藤宗雄氏にお願い致しました。中央公論事業出版では、営業部長神門武弘氏に多大なお力添えを頂きました。ご助言と協力を賜った皆々様に改めて感謝の意を表します。

松﨑哲也

著者
　　松﨑哲也　　獣医学博士

1942 年	茨城県に生まれる

- 1942 年　　茨城県に生まれる
- 1962 年　　茨城県立結城第一高等学校農業科卒業
- 同年　　　 財団法人実験動物中央研究所飼育技術研究室入所
  　　　　　 実験動物の開発改良に関する研究に従事
- 1973 年　　飼育技術研究室主任研究員に就任
  　　　　　 家畜および野生動物の実験動物化に関する研究に従事
- 1987-89 年　国立精神神経センター神経研究所モデル動物開発部
  　　　　　 非常勤流動研究員に就任
- 同年　　　 国立精神神経センター神経研究所モデル動物開発部
  　　　　　 動物生産室長就任
- 同年　　　 獣医学博士号取得（北海道大学）
- 1990-99 年　国立精神神経センター神経研究所実験動物管理室長就任
- 1994-98 年　財団法人神奈川科学アカデミー近藤「冬眠動物」プロジェクト非常勤研究員に就任
- 1999-02 年　財団法人実験動物中央研究所総務部入所
- 2002-14 年　株式会社ジェー・エー・シー取締役社長就任
- 2006-15 年　株式会社実験動物中央研究所取締役就任
- 同年　　　 株式会社ジック取締役就任

趣味：登山
- 1971 年　　日本マナスル西壁登攀隊に参加
  　　　　　 日本マナスル西壁登攀隊報告書分担執筆

　　受賞　　「日本マナスル西壁登攀隊」
　　　　　　読売新聞社 1971 年度スポーツ賞

著者
神谷正男　医学博士

1940 年	岡山県に生まれる
1966 年	北海道大学獣医学部卒業、獣医師免許取得
1963-64 年	アフガニスタンを中心にユーラシア大陸を放浪
1968 年	東京大学大学院修士課程了―修士号取得
1968-71 年	タイ国立マヒドーン大学熱帯医学部の創設に従事（コロンボ計画専門家）
1971-76 年	聖マリアンナ医大病害動物学助手、講師
1975 年	医学博士号取得（東京大学）
1976 年	北海道大学獣医学部家畜寄生虫病学講座助教授
1987 年	北海道大学大学院獣医学研究科寄生虫学教室教授
2005 年	同寄生虫学教室退職、同大学名誉教授
同年	酪農学園大学環境システム学部教授
	同学部生命環境学科環境動物研究室を創設
2009 年	酪農学園大学退職、以降　同大学特任教授
1994 年	国際獣疫事務局：OIE エキノコックス症研究対策専門機関（酪農学園大学）日本代表
2006 年	（合）環境動物フォーラム共同代表
受賞	日本寄生虫学会賞、日本農学賞、読売新聞農学賞、北海道新聞文化賞
著書	2015年「犬と猫の治療ガイド2015」（インターズー）、他

趣味：登山　　北大山岳部 OB（AACH 会員）

著者
鈴木　博　医学博士

1938年	鹿児島県に生まれる
1961年	玉川大学農学部卒業
1963年	在日米軍406医学研究所昆虫部に勤務
	医動物学の研究に従事
1971年	東京大学医科学研究所助手　奄美病害動物研究施設で「南西諸島の医動物学的研究」に従事
1975年	長崎大学熱帯医学研究所助手
	医動物学に関するフィールド・ワークを行う
同年	医学博士号取得（東京大学）
1986年	長崎大学熱帯医学研究所准教授
同年	韓国延世大学寄生虫学部客員教授
2003年	長崎大学熱帯医学研究所退職

受賞　1992年　日本衛生動物学会賞
　　　1993年　「熱帯の風と人と」
　　　第41回日本エッセイスト・クラブ賞

著書　1990年「クロウサギの棲む島」（新宿書房）
　　　1992年「熱帯の風と人と」（新宿書房）

野生動物の人為繁殖への挑戦
──野生動物から実験動物へ──

2016 年 4 月 15 日初版発行

著　　者	松﨑哲也、神谷正男、鈴木　博
発　　行	公益財団法人　実験動物中央研究所
制作・発売	中央公論事業出版

〒101-0051　東京都千代田区神田神保町 1-10-1
電話 03-5244-5723　Fax 03-5244-5725
http://www.chukoji.co.jp/

印刷／藤原印刷　製本／松岳社

©2016 Matsuzaki Tetsuya, Kamiya Masao, Suzuki Hiroshi
Printed in Japan　ISBN978-4-89514-459-9 C0045

◎定価はカバーに表示してあります。
◎落丁本・乱丁本はお手数ですが小社宛お送り下さい。
　送料小社負担にてお取り替えいたします。